如何办个赚钱的
肉驴家庭养殖场

◎朱文进　苏咏梅　主编

中国农业科学技术出版社

U0349123

图书在版编目（CIP）数据

如何办个赚钱的肉驴家庭养殖场 / 朱文进，苏咏梅主编 . —北京：中国农业科学技术出版社，2015.1

（如何办个赚钱的特种动物家庭养殖场）

ISBN 978 - 7 - 5116 - 1883 - 2

Ⅰ.①如…　Ⅱ.①朱…②苏…　Ⅲ.①肉用型 – 驴 – 饲养管理

Ⅳ.①S822

中国版本图书馆 CIP 数据核字（2014）第 269402 号

选题策划	闫庆健
责任编辑	闫庆健　李冠桥
责任校对	贾晓红

出 版 者	中国农业科学技术出版社
	北京市中关村南大街 12 号　邮编：100081
电　　话	（010）82106632（编辑室）　（010）82109702（发行部）
	（010）82109703（读者服务部）
传　　真	（010）82106625
网　　址	http://www.CASTP.cn
经 销 者	各地新华书店
印 刷 者	廊坊佰利得印刷有限公司
开　　本	850mm ×1 168mm　1/32
印　　张	6.5
字　　数	141 千字
版　　次	2015 年 1 月第 1 版　2019 年 4 月第 5 次印刷
定　　价	24.00 元

◀━━ 版权所有·翻印必究 ━━▶

《如何办个赚钱的肉驴家庭养殖场》
编 写 委 员 会

主　编　朱文进　苏咏梅

副主编　苏永鹏　王旭林

参编者　(以姓氏笔画为序)

马艳华　付志新　关学敏　杨彩然

吴建华　郝延美

前 言

我国养驴历史悠久，是世界上的养驴大国。在传统的养殖业中，驴作为役用家畜，对农业的发展功不可灭。但随着农业机械化的快速发展，驴的役用逐渐退出了农业动力的主力地位，在现代的养殖业中，驴是作为肉、皮（或药）、奶和役兼用的经济动物，其经济价值在哺乳动物中仅次于鹿。

驴肉质细味美，蛋白质含量比羊肉、牛肉和猪肉高，而脂肪含量比羊肉、牛肉和猪肉低，矿物元素 Fe、生物学价值高的亚油酸、亚麻酸含量远高于其他肉类。驴奶基本物质含量与牛奶接近，维生素 C 含量高，为牛奶的 4.75 倍；必需氨基酸含量比牛乳、人乳高；微量元素充足，钙、硒丰富，硒的含量是牛乳的 5.16 倍，属于富硒食品。驴皮是制作阿胶的原料，阿胶是具有 2000 多年历史的传统中药，有补血、止血、滋阴润燥之功效，能促进血中红细胞和血红蛋白的合成。加之驴是草食动物，对粗纤维的消化利用高，日粮以草为主，不与人类争粮，所以，随着人们生活水平的逐步提高、保健意识的增强，肉驴养殖业的发展前景非常广阔。

目前，驴的养殖在部分地区已形成产业，成为农牧民致富的好门路，为了适应肉驴养殖业的发展，进一步提高养殖效益，我们编写了《如何办个赚钱的肉驴家庭养殖场》一书。该书主要涉及了驴经济价值，驴的品种，肉驴养殖场筹建，肉驴的选种与繁殖，肉驴的饲料与营养，肉驴的饲养管理与主要疫病防治，以及肉驴场经营管理等八个方面内容。本书在普及肉驴饲养管理的理论基础上，注重实践，内容实用，可操作性强，适合于肉驴养殖专业户，养殖专业人员及相关人员阅读。

本书在编写过程中，参考了很多相关资料，书中所引资料未及一一注明出处，仅在书后列出主要参考文献，在此特向这些资料的作者致谢。限于经验，缺点和错误在所难免，欢迎广大读者批评指正。

编　者

2014 年 11 月

目　录

第一章　驴的应用价值及市场前景 …………………………（1）

　第一节　驴的应用价值 ………………………………………（1）

　　一、肉用 ……………………………………………………（1）

　　二、皮用 ……………………………………………………（2）

　　三、奶用 ……………………………………………………（2）

　　四、驴血 ……………………………………………………（3）

　第二节　驴的发展现状 ………………………………………（3）

　第三节　养驴业的发展趋势与前景 …………………………（4）

第二章　常见驴的品种与特性 …………………………………（6）

　第一节　关中驴 ………………………………………………（6）

　　一、产地 ……………………………………………………（6）

　　二、体貌特征 ………………………………………………（7）

　第二节　德州驴 ………………………………………………（7）

　　一、产地 ……………………………………………………（7）

　　二、体貌特征 ………………………………………………（8）

第三节 晋南驴 …………………………………… (8)

一、产地 ……………………………………………… (8)

二、体貌特征 ……………………………………… (9)

第四节 广灵驴 …………………………………… (9)

一、产地 ……………………………………………… (9)

二、体貌特征 ……………………………………… (9)

第五节 佳米驴 …………………………………… (10)

一、产地 ……………………………………………… (10)

二、体貌特征 ……………………………………… (10)

第六节 泌阳驴 …………………………………… (11)

一、产地 ……………………………………………… (11)

二、体貌特征 ……………………………………… (11)

第七节 庆阳驴 …………………………………… (12)

一、产地 ……………………………………………… (12)

二、体貌特征 ……………………………………… (12)

第八节 新疆驴（喀什驴，库车驴和吐鲁番驴） … (12)

一、产地 ……………………………………………… (12)

二、体貌特征 ……………………………………… (13)

第九节 华北驴 …………………………………… (13)

一、产地 ……………………………………………… (13)

二、体貌特征 ……………………………………… (13)

第三章 肉驴家庭养殖场的筹建 ……………… (14)

第一节 场址的选择 ……………………………… (14)

一、地形与地势 ································· （14）

二、远离居民区、工业区和矿区 ·········· （14）

三、交通便利，利于防疫 ···················· （15）

四、电力供应和通讯条件良好 ·············· （15）

五、气候条件适宜 ···························· （15）

六、考虑当地农业生产结构 ················· （15）

第二节 肉驴场布局 ···························· （16）

第三节 肉驴舍建筑形式 ······················ （16）

一、封闭驴舍 ································· （16）

二、半开放驴舍 ······························ （17）

三、塑膜暖棚驴舍 ···························· （17）

第四节 肉驴舍建设要求 ······················ （18）

一、环境要求 ································· （18）

二、驴舍功能要求 ···························· （19）

三、驴舍建设要求 ···························· （21）

四、驴场配置要求 ···························· （26）

第四章 驴的选择与繁殖 ························ （28）

第一节 驴的外部名称 ························· （28）

一、头颈部 ··································· （28）

二、躯干部 ··································· （29）

三、四肢部 ··································· （30）

第二节 肉驴的选种 ···························· （30）

一、根据体型外貌选择 ······················ （30）

二、毛色与别征 …………………………………… （39）

三、根据年龄选择 ………………………………… （41）

四、根据双亲和后裔进行选择 …………………… （46）

五、根据本身性状选择 …………………………… （47）

六、综合选择 ……………………………………… （47）

第三节　肉驴的配种技术 ………………………… （48）

一、驴的繁殖特点 ………………………………… （48）

二、驴的发情鉴定 ………………………………… （51）

三、驴的同期发情 ………………………………… （55）

四、驴的人工授精 ………………………………… （57）

五、驴的自然交配—人工辅助交配 ……………… （61）

六、妊娠诊断 ……………………………………… （61）

七、驴的接产及难产处理 ………………………… （64）

八、提高驴繁殖率的措施 ………………………… （68）

第五章　肉驴的饲料与营养 ……………………… （73）

第一节　驴的消化生理及其对饲料利用 ………… （73）

一、驴的消化生理特点 …………………………… （73）

二、驴对饲料利用的特点 ………………………… （75）

第二节　驴的饲料及其调制 ……………………… （76）

一、青绿饲料 ……………………………………… （76）

二、粗饲料 ………………………………………… （78）

三、青贮饲料 ……………………………………… （83）

四、能量饲料 ……………………………………… （85）

目 录

五、蛋白质饲料 …………………………………… （87）

六、矿物质饲料 …………………………………… （90）

七、维生素饲料 …………………………………… （91）

八、饲料添加剂 …………………………………… （91）

第三节　肉驴的营养需要与饲养标准 ………………… （92）

一、营养需要 ……………………………………… （92）

二、饲养标准 ……………………………………… （93）

第四节　肉驴的日粮配合技术 ………………………… （96）

一、日粮配合的原则 ……………………………… （96）

二、日粮配合的步骤 ……………………………… （97）

三、日粮配合举例 ………………………………… （98）

四、肉驴育肥配方 ……………………………… （104）

第六章　肉驴饲养实用技术 ………………………… （108）

第一节　肉驴饲养管理的一般原则 ………………… （108）

一、肉驴饲养原则 ……………………………… （108）

二、日常管理 …………………………………… （110）

第二节　驴驹的培育 ………………………………… （112）

一、驴驹生长发育规律 ………………………… （112）

二、胚胎期驴驹的培育 ………………………… （115）

三、哺乳驴驹的培育 …………………………… （116）

四、断奶驴驹的培育 …………………………… （120）

五、公驴去势 …………………………………… （122）

第三节　种公驴的饲养管理 ………………………… （124）

一、准备配种期（1～2月份）…………………（124）

二、配种期（3～7月份）………………………（126）

三、体况恢复期（8～9月份）…………………（129）

四、体况锻炼期（10～12月份）………………（130）

五、青年种公驴的调教…………………………（130）

第四节　母驴的饲养管理………………………（131）

一、空怀母驴的饲养管理………………………（131）

二、妊娠母驴的饲养管理………………………（132）

三、分娩前后母驴的饲养管理…………………（133）

四、难产的预防…………………………………（136）

五、哺乳母驴的饲养管理………………………（137）

第五节　肉驴快速育肥…………………………（138）

一、影响肉驴育肥效果的因素…………………（138）

二、肉驴育肥方式………………………………（142）

三、不同类型驴的育肥方案……………………（145）

四、驴产肉性能指标……………………………（151）

第七章　肉驴常见病诊治与预防………………（152）

第一节　驴病的预防……………………………（152）

一、圈舍及环境卫生……………………………（152）

二、及时清扫和定期预防消毒…………………（153）

三、做好检疫工作，以防传染源扩散…………（153）

四、实施预防接种，防止传染病流行…………（153）

五、定期驱虫……………………………………（154）

第二节　肉驴健康检查和给药方法 ……………… （154）

　　一、肉驴健康检查 …………………………… （154）

　　二、病驴的给药方法 ………………………… （156）

第三节　肉驴常见病症状、用药及防治 ………… （160）

　　一、常见消化系统疾病的防治 ……………… （160）

　　二、常见寄生虫病的防治 …………………… （168）

　　三、常见传染病的防治 ……………………… （170）

第八章　家庭驴场的经营与管理 ……………… （185）

第一节　家庭养驴场的市场调查 ………………… （185）

　　一、市场需求 ………………………………… （185）

　　二、生产情况 ………………………………… （186）

　　三、市场行情 ………………………………… （186）

第二节　家庭养驴场的养殖定位 ………………… （186）

　　一、经营方向与生产规模的确定 …………… （186）

　　二、饲养方式的选择 ………………………… （187）

第三节　家庭养驴场经济效益分析 ……………… （187）

　　一、饲料费用 ………………………………… （188）

　　二、饲养人员工资及福利费用 ……………… （188）

　　三、燃料和水电费用 ………………………… （188）

　　四、防疫医药费用 …………………………… （188）

　　五、仔驴（或架子驴）费用 ………………… （189）

　　六、低值易耗品费用 ………………………… （189）

第四节　家庭养驴场投资经费概算 ……………… （189）

第五节　影响家庭养驴场经济效益的因素 …………（190）

一、选择优良品种，提高生产性能 …………（190）

二、搞好饲养管理，充分发挥生产潜力 …………（190）

三、提高饲料利用率，节约饲养成本 …………（191）

四、饲养规模与市场相结合,提高养驴经济效益 …（191）

五、开展加工增值，搞产品综合开发利用 …………（191）

第六节　成功实例 …………（192）

主要参考文献 …………（194）

第一章　驴的应用价值及市场前景

第一节　驴的应用价值

　　我国养驴历史悠久，是世界上的养驴大国。在传统的养殖业中，驴既是畜牧业生产的生产资料，又是人类的生活资料，作为役用家畜，对农业的发展功不可没。但随着农业机械化的快速发展，驴的役用逐渐退出了农业动力的主力地位，在现代的养殖业中，驴是作为肉、皮（或药）、奶和役兼用的经济动物。

　　养驴是我国传统畜牧业的组成部分，在国民经济发展中占据重要地位。随着驴肉市场和阿胶市场的开拓，驴产品产、销两旺，而肉驴生产相对滞后，驴产品的原料生产仍处在粗放经营、生产力水平较低的状态。因此，加强现有驴品种的选育提高，培育肉用驴新品种或品系，制订肉驴饲养标准，提高肉驴生产水平和进一步改善驴肉品质已成为历史的必然，驴的经济价值主要表现在以下方面。

一、肉用

　　驴肉是新型的肉食产品，肉质细嫩味美，蛋白质含量比羊肉、牛肉和猪肉高，而脂肪含量比羊肉、牛肉和猪肉低，矿物元素 Fe、生物学价值高的亚油酸、亚麻酸含量远高于其他肉类（关于驴肉的肉用价值详见第六章的相关内容）。近年来，随着驴肉加工工艺的进步，驴肉的消费者逐渐增多，驴肉加工及肉产品开发的市场前景十分广阔。据调查，国内生产驴肉的食品厂对驴肉原料的需求量较大，市场上原料供不应求。

由于养驴的饲养成本低，驴肉本身的营养价值高，所以驴肉生产是一项极具开发潜力的新型肉食品产业，也有可能发展为具有较强竞争力的特色肉食生产产业。

二、皮用

成年驴皮一般重 10 ~ 12 千克，驴皮是熬制阿胶的主要原料。阿胶在《神农本草经》中早有记载。阿胶味甘，性平，有补血滋阴、润燥、止血功效。

三、奶用

母驴具有良好的泌乳能力。大型驴一天泌乳 3 千克，其三分之一可提供作为商品奶，其余三分之二供驴驹吮吸，加上良好补充，基本可保证驴驹正常发育。

驴奶和马奶一样，与人奶成分较为接近，都属白蛋白奶类。

四、驴血

驴血的血清可分为孕驴血清和健驴血清2类。孕驴血清与孕马血清（PMSG）有同等功效。40～150天妊娠期间都可产生绒毛膜促性腺激素，只是孕驴血清的效价仅为孕马血清的效价一半多一些，而驴怀骡血清的效价则为孕马血清效价一倍以上，因此不仅可用孕驴生产孕驴血清，也可以通过提高驴骡受胎率来生产高效的孕驴血清。

总而言之，驴的全身都是宝，除了具有较高的食用价值之外，还具有药用价值。例如，驴的肉、头、骨、毛、蹄、阴茎和脂肪。

第二节　驴的发展现状

我国是世界上主要产驴的国家之一，驴存栏头数居世界第一。据统计，我国现有各类型的驴1073.33万匹，其中，适繁母驴433.69万匹，年产驴驹201.05万匹。除上海、浙江、福建、江西、广东、海南等省市外，各省（区、市）均有饲养。其中，河北（164.23万匹）、山东（151.55万匹）、甘肃（145万匹）、新疆（119.36万匹）是养驴比较集中的地区。黄河中下游的陕西、山西、河南、河北、山东等广大农区，是大型驴的分布区；西藏、新疆、甘肃、宁夏、青海、内蒙古以及秦晋北部干旱半干旱地区，分散着数量很大的小型驴；在大型驴与小型驴交汇区内，是中型驴的产地。

长期以来，我国劳动人民在生产实践中积累了丰富的经验，培育了许多著名的驴品种，使得我国养驴业得到了很大的发展，也为世界养驴业的发展做出了重要的贡献。近年来，随着养驴业由辅助动力向肉用方向的转化，驴产品呈现了产销两旺，饲养驴的经济效益显著提高，这就更激发了广大农民群众养驴的积极性。在国内，一些地区相继出现了"养驴热"，养驴已成为产区农户生产致富的新型产业，这对于进一步发展我国的养驴业起到了巨大的推动作用。但是，也应该清醒地看到，与其他的畜牧产业相比，我国养驴业生产水平还有较大的差距。

第三节　养驴业的发展趋势与前景

在农业生产高速发展的今天，驴与马、牛、骡一样，作为农业生产主要动力的历史已一去不复返。在此情况下，我国养驴业今后究竟如何发展？确实是一个很值得研究的问题。根据我国农业生产和农村经济发展的新变化，以及我国畜牧业安全生产和改善人们生活质量面临的挑战，作为我国传统畜牧业重要组成部分的养驴业，一些重点产区应该在充分发挥驴自身资源优势的基础上有一个大发展，重点突出驴肉生产，为中国中长期食物发展战略研究中提出的肉食结构调整目标（由目前的猪肉占80%左右调整到猪肉，牛、羊、驴和兔肉，禽肉为1:1:1）做出应有的贡献；同时，加强驴药用价值的开发，提高养驴业生产的附加值和经济效益。今后发展的总趋势是，在保护现有驴品种的基础上，培育肉用驴新品种或品系，开展肉用驴品种或品系杂交选育，逐步增加优良肉用驴比例和适繁母驴头数，并依靠科技进步不断提高驴的繁殖率、出栏率和屠宰率，走内涵式扩大再生产的道路，以达到增加驴肉产量的目的。

作为役用的传统养驴业被肉、药兼用的现代养驴业所取代已成为历史的必然。发展现代养驴业的经济增长点主要表现在三个方面：一是以生产优质驴肉为主要目标；二是以生产优质驴副产品为主要目标，包括皮、内脏器官、生化制药等；三是以生产优良种驴为主要目标。

据对广大养驴专业户调查，作为肉用驴饲养，每头驴可获利 1000～2000 元。养驴与养猪、肉牛及肉羊相比较，养驴风险小，投资少，效益高。因此，各地应抓好养驴这一特色产业，发展农村经济，增加农民收入，加快致富奔小康的前进步伐。有关畜牧专家认为，农村发展肉驴养殖业是农民脱贫致富奔小康的一条新门路。发展节粮型畜牧业，应大力发展肉驴生产，利国利民，前景广阔。

第二章 常见驴的品种与特性

　　按体型特征将驴区分为三种类型，即大型驴、中型驴和小型驴。体高在 130 厘米以上，体重 260 千克以上的为大型驴，大型驴主要分布在山东、陕西、山西、河北的平原地区；体高 110～130 厘米，体重在 180 千克左右的为中型驴，中型驴主要分布在陕西、甘肃、山西及河北省的高原和河南中部平原；体高在 110 厘米以下，体重在 130 千克以下的为小型驴，小型驴主要分布在我国西北、长城以北和东北平原以及荒漠半荒漠的草地、宽广的农区平原地区。在我国不同地区分布的驴种如下。

第一节　关中驴

一、产地

　　产于陕西省的关中平原。主要分布于关中地区和延安地区的南部，以乾县、礼泉、武功、蒲城、咸阳、兴平等县、市产的驴品质最佳，曾被输出到朝鲜、越南等国。

二、体貌特征

体格高大，体质结实，结构匀称，体形略呈长方形。头清秀，耳竖立，头颈高昂，眼大有神，颈部较宽厚，肌肉充实，鬃毛稀短。前躯发达，鬐甲宽厚，胸深广，肋拱圆，后躯比前躯稍高，尻斜偏短，四肢端正，关节干燥，肌腱明显，蹄质坚实，行动敏捷，举止灵活。凹背、尻斜短为其缺点。毛色以粉黑色为主（占90%以上），被毛短细，富有光泽，其次为栗色、青色和灰色。以栗色和粉黑色且黑（栗）白界限分明者为上选，即"粉鼻、亮眼、白肚皮"。成年体尺指标：公驴体高为133.2厘米，体长为135.4厘米，胸围为145.0厘米，管围为17.0厘米；母驴相应为130.0厘米、130.3厘米、143.2厘米和16.5厘米。成年体重：公驴为263.6千克，母驴为247.5千克。

第二节　德州驴

一、产地

主产于鲁北、冀东平原沿渤海的各县。以山东的无棣、庆云、沾化、阳信及河北的盐山、南皮为中心产区。过去曾以德州为集散地，故有德州驴之称（1957年命名），当地群众又称渤海驴或无棣驴。

二、体貌特征

体形略显长方形或正方形。体质紧凑、结实，皮薄毛细。体格高大，结构匀称。头颈、躯干结合良好，公驴前躯宽大，头颈高昂。眼大，嘴齐，耳立。鬐甲明显，背腰平直，尻稍斜，肋圆。四肢坚实，关节明显。德州驴成年体尺指标：公驴体高为 136.4 厘米，体长为 136.4 厘米，胸围为 149.2 厘米，管围为 16.5 厘米；母驴相应为 130.1 厘米、130.8 厘米、143.4 厘米和 16.2 厘米。成年体重公驴为 266.0 千克，母驴为 245.0 千克。

德州驴依毛色分为三粉和乌头两种，三粉为黑毛三白（鼻、眼圈和腹下）；乌头为全身黑。三粉和乌头各表现不同的体质和遗传特性。三粉驴体质结实干燥，头清秀，四肢较细，肌腱明显，体重较轻，动作灵敏。乌头驴全身毛色乌黑，各部位均显粗重、颈粗厚、鬐甲宽厚、四肢粗壮、关节较大、体型偏重，为我国现有驴种中的重型驴。体高一般在 130 厘米以上，最高可达 155 厘米，个别体重达 400 千克。

第三节　晋南驴

一、产地

产于山西省运城地区和临汾地区南部，以夏县、闻喜为中心区。绛县、运城、永济、万荣、临猗都有分布。

二、体貌特征

体质结实紧凑、细致，皮薄毛细。体形为正方形，体格高大，结构匀称，性情温驯。头部清秀，头中等大，耳竖立。颈部宽厚，头颈高昂，鬐甲稍低，胸部宽深，背腰平直，尻部略高、短而斜，四肢端正，关节明显，蹄小而坚实。尾细长而垂于飞节以下。毛色以粉黑为主，占90%，少数为灰色、栗色。晋南驴成年体尺指标：公驴体高为135.3厘米，体长为133.7厘米，胸围为134.5厘米，管围为16.2厘米；母驴相应132.7厘米、131.5厘米、143.7厘米和15.9厘米。成年公驴体重为259.4千克，母驴为256.3千克。

第四节　广灵驴

一、产地

产于山西省东北部广灵、灵邱两县。分布于广灵、灵邱两县周围各县的边缘地带。

二、体貌特征

体型高大粗壮、体躯较短、体质结实、结构匀称。头较大、鼻梁平直、眼大微突、耳立、颈粗壮。鬐甲宽厚微隆，前胸宽广，背部宽广平直，尻宽而短，尾巴粗长，四肢粗壮，肌腱明显，关节发育良好。管骨较长，蹄较大而圆，质地坚硬。被毛粗密，毛色以"黑无白"为主（色黑，但眼圈、嘴头、前胸和两耳内侧为粉白色，当地群众叫"五白一黑"，又叫"黑画眉"）占 64.6%，青画眉占 17%（黑白毛混生，并有五白特征的，老百姓也叫"青化黑"），这两种毛色的广灵驴均属上等，灰色占 11%，无头黑占 7.4%。广灵驴耐寒性较强。广灵驴成年体尺指标：公驴体高为 133.9 厘米，体长为 133.0 厘米，胸围为 147.3 厘米，管围为 17.8 厘米；母驴相应为 127.6 厘米、125.5 厘米、140.8 厘米、15.7 厘米。成年体重公驴为 268.7 千克，母驴为 248.0 千克。

第五节　佳米驴

一、产地

产于陕西省佳县、米脂、绥德三县，中心产区在三县毗连地带，以佳县乌镇、米脂桃花镇所产的驴为最佳。子州、横山、清涧、吴堡等县和山西临县亦有少量分布。

二、体貌特征

体格中等，体形略为长方形，体质结实，结构匀称，头略长，耳竖立，颈中等宽厚。躯干粗壮，背腰平直，结合良好，四肢端正，关节粗大，肌腱明显，尻短斜。母驴腹部稍大，后躯发育良好。佳米驴的毛色为粉黑色，常分为以下两种。一种为黑燕皮驴（占 90% 以上）。这种驴全身被毛似燕子，鼻、眼、腹下白，范围不大。另一种为黑四眉驴。这种驴白腹，面积向周边扩延较大，甚至超过前后四肢内侧、前胸、颌下和耳根。佳米驴成年体尺指标：公驴体高为 125.8 厘米，体长为 127.2 厘米，胸围为 136.0 厘米，管围为 16.7 厘米；母驴相应为 121.0 厘米、122.7 厘米、134.6 厘米和 14.8 厘米。成年体重公驴为 217.9 千克，母驴为 205.8 千克。

第六节　泌阳驴

一、产地

产于河南省泌阳县。分布于唐河、社旗、方城、遂平、叶县、襄县和午阳等县。

二、体貌特征

体形为方形，体质结实，结构匀称紧凑。头的额部稍突起，口方正，耳耸立，耳内多有一簇白毛。颈长适中，头颈结合良好。背长平直，多呈双脊背，尻长而高宽稍斜。四肢端正，肌腱明显。蹄小而圆，质坚。尾毛上紧下松，似炊帚样。被毛细密，毛色主要为粉黑色。泌阳驴成年体尺指标：公驴体高为 119.5 厘米，体长为 118.0 厘米，胸围为 129.8 厘米，管围为 15.0 厘米；母驴相应为 119.2 厘米、119.8 厘米、129.6 厘米和 14.3 厘米。成年体重公驴为 189.6 千克，母驴为 188.9 千克。

第七节 庆阳驴

一、产地

产于甘肃省东南部的庆阳、宁县、正宁、镇原、合水等县。以庆阳的董志塬地区分布最集中，驴的品种质量最好。

二、体貌特征

体形接近于正方形，体格粗壮结实，结构匀称。头中等大小，耳不过长，颈肌厚，胸肌发育良好，腹部充实，尻稍斜，肌肉发育良好，四肢端正，关节明显，蹄大小适中。庆阳驴毛色以粉黑色为主，还有少量灰色和青色。成年庆阳驴体尺指标：体高为127厘米，体长为129厘米，胸围为134厘米，管围为15.5厘米；母驴相应为122.5厘米、121厘米、130厘米和14.5厘米。成年体重为公驴182.0千克，母驴174.7千克。

第八节 新疆驴（喀什驴，库车驴和吐鲁番驴）

一、产地

产于新疆南部喀什、和田、阿克苏、吐鲁番和哈密等地。

二、体貌特征

体格矮小，体质干燥结实，头偏大而直立，额宽、鼻短。耳壳内生有短毛。颈薄鬐甲低平，背平腰短，尻短斜，胸宽深不足，肋扁平。四肢较短，关节干燥结实。蹄小质坚。毛色多为灰色和黑色。库车驴为新疆驴中体型稍大的一个类群。新疆驴成年体尺指标：公驴体高为 102.2 厘米，体长为 105.4 厘米，胸围为 109.7 厘米，管围为 13.3 厘米；母驴相应为 99.8 厘米、102.5 厘米、108.3 厘米和 12.8 厘米。

第九节　华北驴

一、产地

产于黄河中下游、淮河和海河流域广大地区。

二、体貌特征

体质紧凑，头较清秀，四肢细而干燥。毛色复杂，灰、黑、青、苍、栗色皆有，但以灰色为主。体高在 110 厘米以下，平原略大，山区略小。成年体重为 130～170 千克。

第三章	肉驴家庭养殖场的筹建

第一节　场址的选择

　　肉驴场场址的选择直接关系到饲养场的效益与发展。要有周密考虑、全盘安排和比较长远的规划。必须与农牧业发展规划、农田基本建设规划以及今后修建住宅等规划结合起来，必须符合兽医卫生和环境卫生的要求，周围无传染源，无人畜共患地方病，适应现代化养驴业的发展趋势。因此在建场前，一定要认真考察，合理规划，根据生产规模及发展远景，全面考虑其布局。

一、地形与地势

　　场址应选在地势较高、地面干燥、排水良好、背风向阳的地方。

二、远离居民区、工业区和矿区

　　养驴场与居民点之间的距离应保持在 1.5 千米以上，最短距离不宜少于 1000 米。各类养殖场相互间距离应在 2000米以上。

三、交通便利,利于防疫

养驴场要求交通便利,但为了防疫卫生及减少噪音,养殖场离主要公路的距离至少要在 1000 米以上。同时,修建专用道路与主要公路相连。

四、电力供应和通讯条件良好

要求电力安装方便及电力能保证 24 小时供应,必要时必须自备发电机来保证电力供应。

五、气候条件适宜

根据原产地的气候条件及饲养地的气候条件来选择适宜的肉用驴品种,尤其是采用开放型或半开放型饲养的品种,如地方性品种、从国外引进的品种等。否则,过于炎热或寒冷的气候不仅影响驴的生产,还有可能影响驴的寿命。

六、考虑当地农业生产结构

为了使驴养殖与种植业紧密结合,在选择养殖场外部条件时,一定要选择种植业面积较广的地区来发展畜牧业。这样,一方面,可以充分利用种植业的产品来作为驴饲料的原料;另一方面,可使畜牧业产生的大量粪尿作为种植业、林果业的有机肥料,从而实施种养结合、果牧结合,实行畜牧业、农业的可持续性发展。

第二节　肉驴场布局

驴养殖场通常分为管理区、生活区、生产区和粪尿污水处理、病驴隔离治疗区四个区域。这四个区要隔开。场区净道和污道要分开，互不交叉。养殖场应设有废弃物处理设施，防止对周围环境造成污染。有条件的最好发展生态养殖模式。

第三节　肉驴舍建筑形式

一、封闭驴舍

封闭驴舍四面有墙和窗户，顶棚全部覆盖，分单列封闭舍和双列封闭舍。

● 1. 单列封闭驴舍 ●

只有一排驴床，舍宽6米，高2.6~2.8米，舍顶可修成平顶也可修成脊形顶，这种驴舍跨度小，易建造，通风好，但散热面积相对较大。单列封闭驴舍适用于小型驴场。

● 2. 双列封闭驴舍 ●

舍内设有两排驴床，两排驴床多采取头对头式饲养，中央为通道。舍宽12米，高2.7~2.9米，脊形棚顶。双列式封闭驴舍适用于规模较大的驴场，以每栋舍饲100头驴为宜。

二、半开放驴舍

半开放驴舍三面有墙，向阳一面敞开，有部分顶棚，在敞开一侧设有围栏，水槽、料槽设在栏内，驴散放其中。每舍（群）15～20 头，每头驴占有面积 4～5 平方米。这类驴舍造价低，节省劳动力，但寒冬防寒效果不佳。

三、塑膜暖棚驴舍

塑膜暖棚驴舍属于半开放驴舍的一种，是近年北方寒冷地区推出的一种较保温的半开放驴舍。与一般半开放驴舍比，保温效果较好。塑膜暖棚驴舍三面全墙，向阳一面有半截墙，有 1/2～2/3 的顶棚。向阳的一面在温暖季节露天开放，寒冷季节在露天一面用竹片、钢筋等材料做支架，上覆单层或双层塑膜，两层膜间留有间隙，使驴舍呈封闭的状态，借助太阳能和驴体自身散发热量，使驴舍温度升高，防止热量散失。

修筑塑膜暖棚驴舍要注意以下几方面问题。

● 1. 选择合适的朝向 ●

塑膜暖棚驴舍应坐北朝南，南偏东或西角度最多不要超过 15°，舍南至少 10 米之内无高大建筑物及树木遮蔽。

● 2. 选择合适的塑料薄膜 ●

应选择对太阳光透过率高而对地面长波辐射透过率低的聚氯乙烯等塑膜，其厚度以 80～100 微米为宜。

● 3. 合理设置通风换气口 ●

　　棚舍的进气口应设在南墙，其距地面高度以略高于驴体高为宜，排气口应设在棚舍顶部的背风面，上设防风帽，排气口的面积为 20 厘米 × 20 厘米为宜，进气口的面积是排气口面积的一半，每隔 3 米远设置一个排气口。

● 4. 有适宜的棚舍入射角 ●

　　棚舍的入射角应大于或等于当地冬至时太阳高度角。

● 5. 注意塑膜坡度 ●

　　塑膜与地面的夹角应以 55°～65°为宜。

第四节　肉驴舍建设要求

一、环境要求

● 1. 温度 ●

　　驴舍内适宜温度为大驴 5～31℃，小驴 10～24℃。为控制在适宜温度，炎夏应搞好防暑降温，严冬应搞好防寒保温工作。

● 2. 湿度 ●

　　舍内相对湿度应控制在 50%～70%为宜。

● 3. 气流（风）●

　　夏季气流能减少炎热，而冬季气流则加剧寒冷，所以在冬季舍内的气流速度不应超过 0.2 米/秒。

● 4. 光照 ●

光照对调节驴生理功能有很重要的作用，缺乏光照会引起生殖功能障碍，出现不发情。驴舍一般为自然采光，进入驴舍的光分直射和散射两种，夏季应避免直射光，以防增加舍温，冬季为保持驴床干燥，应使直射光射到驴床。进入驴舍的光受屋顶、墙壁、门、窗、玻璃等影响，强度远比舍外少，所以长期饲养在密闭驴舍内的驴群，饲料利用率往往较低。

● 5. 有害气体卫生指标 ●

氨（NH_3）不应超过 0.0026%，硫化氢不应超过 0.00066%，一氧化碳（CO）参照人的规定不应超过 0.00241%，二氧化碳不应超过 0.15%。除二氧化碳外，其他均为有毒有害气体，超过卫生指标许可，则会给驴带来严重损害。二氧化碳虽为无毒气体，但驴舍内含量过高，说明卫生状况极差，驴的健康也会受到影响，使驴生产能力下降。

二、驴舍功能要求

● 1. 成驴舍 ●

成驴舍是驴场建筑中最重要的组成部分之一，对环境的要求相对也较高。成驴舍在驴场中占的比例最大，而且直接关系到驴的健康和生产水平。拴系、散栏成驴舍的平面形式可以驴床排列形式来进行分类，基本有单列式、双列式和多列式。

● 2. 产驹舍 ●

产驹舍是驴产驹的专用驴舍，包括产房和保育间。产房要保证有成驴 10% ~ 13% 的床位数。产驹舍设计要求驴舍冬季保温好，夏季通风好，舍内要易于进行清洗和严格消毒。

● 3. 驴驹舍 ●

驴驹在舍内按月龄分群饲养，一般可采用单栏、驹驴岛、群栏饲养。

● 4. 青年驴舍 ●

6 ~ 12 月龄的青年驴，可在通栏中饲养，青年驴的饲养管理比驴驹粗放，主要的培育目标为体重符合发育、适时配种标准，适时配种（一般首次配种时体重约为成年驴的 70%）。育成驴根据驴场情况，可单栏或群栏饲养，妊娠 5 ~ 6 月前进行修蹄，可在产前 2 ~ 3 天转入产房。

● 5. 公驴舍 ●

公驴舍是单独饲养种公驴的专用驴舍，种公驴体格健壮，一般采用单间拴养，对公驴舍的建筑保温性能要求不高，可采用单列开敞式建筑，地面最好铺木板护蹄，公驴在单独固定的槽位上喂饲。如果建立种公驴站，则一般包括冻精生产区、驴舍区和生活行政区等，其中驴舍区一般包括驴舍、运动场、地秤间、驴洗澡间、装运台、病驴舍、兽医室、修蹄架、草料库。

● 6. 病驴舍 ●

病驴舍建筑与乳驴舍相同，是对已经发现有病的驴进行观察、诊断、治疗的驴舍，驴舍的出入口处均应设消毒池。

● 7. 运动场 ●

饲养种驴、驴驹的舍，应设运动场。运动场多设在两舍间的空余地带，四周栅栏围起，可以用钢管建造，也可用水泥桩柱建造，要求结实耐用。运动场的大小，其长度应以驴舍长度一致对齐为宜，这样整齐美观，充分利用地皮。将驴拴系或散放其内。其每头驴应占面积为：成驴 15～20 平方米，育成驴 10～15 平方米，驴驹 5～10 平方米。驴随时都要饮水，因此，除舍内饮水外，还必须在运动场边设饮水槽。槽长 3～4 米，上宽 70 厘米，槽底宽 40 厘米，槽高 40～70 厘米。每 25～40 头应有一个饮水槽，要保证供水充足、新鲜、卫生。运动场的地面以三合土为宜，在运动场内设置补饲槽和水槽。补饲槽和水槽应设置在运动场一侧，其数量要充足，布局要合理，以免驴争食、争饮、顶撞。

运动场应在三面设排水明沟，并向清粪通道一侧倾斜，在最低的一角设地井，保证平时和汛期排水畅通。

三、驴舍建设要求

驴舍建筑，要根据当地的气温变化和驴场生产用途等因素来确定。建驴舍不仅要经济实用，还要符合兽医卫生要求，做到科学合理。有条件的，可建质量好的、经久耐用的驴舍。

驴舍内应干燥，冬暖夏凉，地面应保温、不透水、不打滑，且污水、粪尿易于排出舍外。舍内清洁卫生，空气新鲜。

由于冬季、春季风向多偏西北，夏季风向多偏东南，为了做到冬防风口、夏迎风口，驴舍以坐北朝南或朝东南为好。驴舍要有一定数量和大小的窗户，以保证太阳光线充足和空气流通。房顶有一定厚度，隔热保温性能好。舍内各种设施的安置应科学合理，以利于肉驴生长。

●1. 用地面积 ●

土地是驴场建设的基本条件，土地利用应以经济和节约使用为原则，不同地区不同类型的土地价格不同，计划时总体可按每头占地150平方米计算（包括生活区）。

●2. 地基 ●

土地坚实、干燥，可利用天然的地基。若是疏松的黏土，需用石块或砖砌好地基并高出地面，地基深80～100厘米。地基与墙壁之间最好要有油毡绝缘防潮层，防止水气渗入墙体，提高墙的坚固性、保温性。

●3. 墙壁 ●

砖墙厚50～75厘米。从地面算起，应抹100厘米高的墙裙。在农村也用土坯墙、土打墙等，但距从地面算起应砌100厘米高的石块。土墙造价低，投资少，但不耐用。

●4. 顶棚 ●

北方寒冷地区，顶棚应用导热性低和保温的材料，顶棚距地面为350～380厘米。南方则要求防暑、防雨并通风良好。

●5. 屋檐 ●

屋檐距地面为280～320厘米。屋檐和顶棚太高，不利于保温；过低则影响舍内光照和通风。可根据各地最高温度和最低温度自行决定。

● 6. 门与窗 ●

驴舍的门应坚实牢固，门高 2.1~2.2 米，宽 2~2.5 米，不用门槛，最好设置成双开门。一般南窗应较多、较大（100厘米×120厘米），北窗则宜少、较小（80厘米×100厘米）。驴舍内的阳光照射量受驴舍的方向、窗户的形式、大小、位置、反射面的影响，所以要求不同。光照系数为 1：（12~14）。窗台距地面高度为 120~140 厘米。

● 7. 驴床 ●

驴床是驴吃料和休息的地方，驴床的长度依驴体大小而异。一般的驴床设计是使驴前躯靠近料槽后壁，后肢接近驴床边缘，粪便能直接落入粪沟内即可。成年母驴床长 1.8~2米，宽 1.1~1.3 米；成年种公驴床长 2~2.2 米，宽 1.3~1.5 米；肥育驴床长 1.9~2.1 米，宽 1.2~1.3 米；6 月龄以上育成驴床长 1.7~1.8 米，宽 1~1.2 米。驴床应保持平缓的坡度，一般以 1.5% 为宜，槽前端位置高，以利于冲刷和保持干燥。

驴床类型有下列几种。

（1）水泥及石质驴床。其导热性好，比较硬，造价高，且清洗和消毒方便。

（2）沥青驴床。保温好并有弹性，不渗水，易消毒，遇水容易变滑，修建时应掺入煤渣或粗沙。

（3）砖驴床。用砖立砌，用石灰或水泥抹缝。导热性好，硬度较高。

（4）木质驴床。导热性差，容易保暖，有弹性且易清扫，但容易腐烂，不易消毒，造价也高。

（5）土质驴床。将土铲平，夯实，上面铺一层沙石或碎砖块，然后再铺层三合土，夯实即可。这种驴床能就地取材，造价低，并具有弹性，保暖性好，还能护蹄。

● 8. 通气孔 ●

通气孔一般设在屋顶，大小因驴舍类型不同而异。单列式驴舍的通气孔为 70 厘米 × 70 厘米，双列式为 90 厘米 × 90 厘米。北方驴舍通气孔总面积为驴舍面积的 0.15% 左右。通气孔上面设有活门，可以自由启闭。通气孔应高于屋脊 0.5 米或在房的顶部。

● 9. 尿粪沟和污水池 ●

为了保持舍内的清洁和清扫方便，尿粪沟应不透水，表面应光滑。尿粪沟宽 28～30 厘米，深 15 厘米，倾斜度 1：（100～200）。尿粪沟应通到舍外污水池。污水池应距驴舍 6～8 米，其容积以驴舍大小和驴的头数多少而定，一般可按每头成年驴 0.3 立方米、每头驹驴 0.1 立方米计算，以能贮满一个月的粪尿为准，每月清除 1 次。为了保持清洁，舍内的粪便必须每天清除，运到距驴舍 50 米远的粪堆上。要保持尿粪沟的畅通，并定期用水冲洗。

降口是排尿沟与地下排出管的衔接部分。为了防止粪草落入堵塞，上面应有铁算子，铁算应与尿沟同高。在降口下部，地下排出管口以下，应形成一个深入地下的伸延部，这个伸延部谓之沉淀井，用以使粪水中的固形物沉淀，防止管道堵塞。在降口中可设水封，用以阻止粪水池中的臭气经由地下排出管进入舍内。

● 10. 通道 ●

对头式饲养的双列驴舍，中间通道宽 1.4 ~ 1.8 米。道宽度应以送料车能通过为原则，多修成水泥路面，路面应有一定坡度，并刻上线条防滑。若建道槽合一式驴舍，道宽 3 米为宜（含料槽宽）。

● 11. 饲槽 ●

饲槽设在驴床的前面，有固定式和活动式两种。以固定式的水泥饲槽最适用，其上宽 60 ~ 80 厘米，底宽 35 厘米，底呈弧形。槽内缘高 35 厘米（靠驴床一侧），外缘高 60 ~ 80 厘米（靠走道一侧）。

● 12. 堆粪场与装卸台 ●

堆粪场一般 500 头的驴场需要 50 米 × 70 米的面积，堆高 1 米，可存放驴粪 1000 吨。装卸台可建成宽 3 米、长 8 米的驱赶驴的坡道，坡的最高处与车厢底平齐。

● 13. 地下排出管 ●

与排尿管呈垂直方向，用于将由降口流下来的尿及污水导入畜舍外的粪水池中。因此需向粪水池方向留 3% ~ 5% 的坡度。在寒冷地区，对地下排出管的舍外部分需采取防冻措施，以免管中污液结冰。如果地下排出管自畜舍外墙至粪水池的距离大于 5 米时，应在墙外修一检查井，以便在管道堵塞时进行疏通。但在寒冷地区，要注意检查井的保温。

● 14. 粪水池 ●

粪水池应设在舍外地势较低的地方，且应在运动场相反的一侧。距畜舍外墙不小于 5 米，须用不透水的材料做成。粪水池的容积及数量根据舍内家畜种类、头数、舍饲期长短与粪水贮放时间来确定。粪水池如长期不掏，则要求较大的容积，很不经济。故一般按贮积 20～30 天，容积 20～30 立方米来修建。粪水池一定要离开饮水井 100 米以外。

四、驴场配置要求

养殖场内建筑物的配置要因地制宜，便于管理，有利于生产，便于防疫、安全等。要统一规划，合理布局。做到整齐、紧凑，土地利用率高和节约投资，经济实用。

● 1. 驴舍 ●

我国地域辽阔，南北、东西气候相差悬殊。东北三省、内蒙古、青海等地驴舍设计主要是防寒，长江以南则以防暑为主。驴舍的形式依据饲养规模和饲养方式而定。驴舍的建造应便于饲养管理，便于采光，便于夏季防暑、冬季防寒，便于防疫；修建多栋驴舍时，过去均采取长轴平行配置，满足视线美观。但无公害畜禽饲养时，为了便于畜禽舍通风换气，应交叉配置多栋畜禽舍。当驴舍超过 4 栋时，可以 2 行交叉配置，前后对齐，相距 20 米以上。

● 2. 饲料库 ●

建造地应选在离每栋驴舍的位置都较适中处，而且位置稍高，既干燥通风，又利于成品料向各驴舍运输。

● 3. 干草棚及草库 ●

尽可能地设在下风向地段，与周围房舍至少保持 50 米以上距离，单独建造，既要防止晒草影响驴舍环境美观，又要达到防火安全。

● 4. 青贮窖或青贮池 ●

建造选址原则同饲料库。位置适中，地势较高，防止粪尿等污水浸入污染，同时要考虑出料时运输方便，减小劳动强度。

● 5. 兽医室 ●

病驴舍应设在养驴场下风头，而且相对偏僻一角，便于隔离，减少空气和水的污染传播。

● 6. 办公室和宿舍 ●

设在驴养殖场之外地势较高的上风口，以防空气和水的污染及疫病传染。养驴场门口应设保卫门、消毒室和消毒池。

● 7. 其他设备 ●

驴场常用的机械设备有饲料粉碎机、青干草切草机、块根饲料洗涤切片机和潜水泵等。还有，筛草用的筛子，淘草用淘草缸（或池），饮水用的饮水缸（或槽），刷拭驴体的刷子，为了生产和运输饲料等还需备有一定数量的汽车和拖拉机等。

第四章 驴的选择与繁殖

驴的选择是根据驴的外貌特征、生产性能及其遗传特性等选出人们想要的性状或个体，繁殖是选用理想的种用个体，采用科学的交配方式，获得尽可能多的、优良的后代。选择是繁殖的基础，繁殖是选择的实际体现，驴的选择和繁殖是保持和逐代提高驴群质量的重要手段和措施。因此，必须正确掌握驴的选择方法，采用先进的繁殖技术，提高驴的繁殖力，这是养驴的关键环节之一。

第一节 驴的外部名称

了解驴的外部名称是驴外形鉴定的基础知识。一般将驴体分为头颈、躯干和四肢三大部分。每个部分又分为若干小的部位，各部位均以相关的骨骼作为支撑基础（图4-1）。

一、头颈部

头部以头骨为基础，大脑、耳、鼻、眼、口等重要器官均位于头部。颈部以7块颈椎为基础。

二、躯干部

除头颈、四肢及尾以外都属于躯干部。

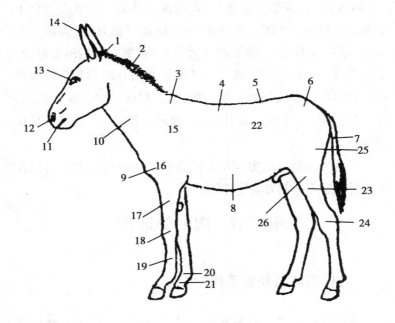

图 4-1 驴的外形部位

1. 颈部；2. 鬃毛；3. 鬐甲；4. 背部；5. 腰部；6. 尻部；7. 尾；8. 腹部；
9. 肩端；10. 颈部；11. 口；12. 鼻；13. 眼；14. 耳；15 肩部；16. 上膊；
17. 前膊；18. 前膝；19. 管部；20. 球节；21. 系部；22. 肷部；23. 胫部；
24. 飞节；25. 股部；26. 后膝

三、四肢部

驴的前肢部位及相应的骨骼由下列几部分组成：肩部（肩胛骨）、上膊部（肱骨）、前膊部（桡骨、尺骨，尺骨上端突起为肘突，外部名称为肘端）、前膝（腕骨）、管部（掌骨）、系部（系骨）、蹄冠部（冠骨），在掌骨下端附有籽骨、上籽骨两枚，构成驴的球节。蹄骨外两侧有蹄软骨，外边形成帽状蹄匣。后肢分为股部（股骨）、胫部（胫、膊骨）、后膝（膝盖骨）、飞节（跗骨）、后管部（蹠骨）。其以下部位同前肢。

驴的外貌部位优劣与相关的骨骼结构好坏有关，骨骼在驴体外貌鉴定上起着重要作用。

第二节　肉驴的选种

一、根据体型外貌选择

驴的外貌特征与内部器官、形态与机能、局部与整体都具有密切的相关性，并对其生产用途和环境条件表现出一定的适应性。通过外形鉴定来评价驴的生产力，进行合理的选种选育及育肥生产，是培育优良种驴和选择架子驴，提高生产效益的重要手段。

驴的外形鉴定应选择平坦坚实、光线充足、场地开阔的地方，使驴保持驻立姿势。鉴定者站在距驴体 3～5 米的位置，对驴的类型、体型结构、外貌体质、气质、营养状况等进行正体观察，然后走近驴体，从头部开始逐项鉴定。鉴定的方法主要是用眼看、用手摸，初学鉴定的对某些部位不易断定，可对几头驴的同部位进行比较鉴定，必要时也可测量，对比鉴定的结果。鉴定的内容和要求如下。

● **1. 体质类型的鉴定** ●

（1）紧凑型。头清秀轻小，颈细长；皮薄毛细，尾巴稀疏；腹部紧凑，无凹腰垂腹，多斜尻；四肢较细，关节明显，筋腱分明；精神好，反应灵敏。俗话讲"头干、腿干、尾巴干"、"流水腔"、"明筋亮骨"，是紧凑干燥的表现。此类母驴具有良好的繁殖性能，但肉用性能较差。

（2）疏松型。头重，颈粗短；皮厚毛粗，尾巴大；腹部大而充实，无斜尻；四肢粗重，筋腱不甚分明。此类驴情性迟钝，采食消化力强，容易上膘，适合作为肉驴育肥。

如德州驴，其中的"三粉"驴，结构紧凑，动作灵活，其体质类型即为紧凑型；其中的"乌头"，骨骼粗壮，动作迟钝，其体质类型为疏松型。

● **2. 各部位鉴定和要求** ●

（1）头部。头是驴体的重要部位，眼、耳、口、鼻和大脑中枢神经均集中在头部。鉴定驴头部，应注意头的形状、大小、方向以及与颈的结合，整体要求是：方额大脑，平头正脸，明眸大眼，齐牙对口。对于头部各部位的具体要求如下。

①耳。应是竖立而略微开张的倒"八"字形。耳要小，薄而直立，大而下垂者为不良。

②眼。眼球应饱满，大而有光泽，"目大则心大"，这种驴大胆而温驯。

③鼻。鼻孔是呼吸的门户，鼻孔大，则肺活量大。应鼻孔开张，鼻翼灵活，便于呼吸者为良。健康驴的鼻黏膜为粉红色，如有充血、溃烂、脓性鼻漏、呼吸有恶臭等现象，为不健康的象征。

④口。嘴齐而大，口角要深，吃草快，嘴尖者为不良。鉴定时应注意口腔黏膜、舌体是否正常，口腔中有无异臭，牙齿排列是否正常。

⑤颌凹。俗称"槽口"，宽大者，能吃能喝，"槽口宽，肚儿圆"。

（2）颈部。颈的长短、粗细，反映了驴的体质类型。要求颈部要长粗适中，与其他部位协调匀称，一般驴的颈长与头相当，或头略大于颈长。颈部分为"大脖"和"小脖"，"大脖"为颈部与肩胛相接的部分，"小脖"为颈部与头部相接的部分。要求小脖要细，可以使头部清秀；大脖要粗，可以使胸腔发育良好。粗短且上下一致的颈，群众称为"肉脖子"，有较好的肉用性能。

（3）躯干。躯干包括肩胛、背、腰、尻、胸、腹等部分。

①肩胛。这一部位主要是鉴定鬐甲的结构和肩胛骨的长度、形状等。鬐甲要求高而长，结构坚实，中间不能有缝隙。肩胛骨要长而且向左右开张，以使胸部加深加宽。

②背。以短为好，背短则坚固，负力强，有利于后肢推进力前移。背过长则减弱背的负力，并降低后肢的推进作用，而影响速力。背宽而肌肉发达，背的坚实性愈强，有利于速

度和挽力的发挥。窄尖的背，骨骼发育不足，肌肉贫乏，胸腔容积小，体力不足。

③腰。腰为前后躯的桥梁，无肋骨支持，因而构造更应坚实。短宽者为最好，腰部应和背同宽，肌肉发达。腰和尻结合良好，前后呈一直线。腰的长短：以8厘米为短腰，9～12厘米为中等长的腰，13厘米以上者为长腰。腰短而宽，肌肉发达，负重力强，并能很好地将后躯的推进力传到前躯。腰过长，肌肉不发达，是驴的严重缺点。

④尻。尻为后躯的主要部分，以骨盆、荐骨及强大肌肉为基础。它和后肢以关节相连，其构造好坏和驴的生产性能有很大关系。尻以大而圆为好。

⑤胸。胸部为心脏和肺脏的所在地，其发育程度、容积大小与驴的生产性能有密切关系。鉴定胸部的好坏，要依胸深、胸宽来进行评定。依前胸的宽度，分宽胸、窄胸和中等胸。驴站立好，两蹄之间的距离大于一蹄的为宽胸；仅能容纳一蹄的为中等宽的胸；小于本身一蹄的为窄胸。胸宽以具有适当的宽度为宜。胸的形状，分为良胸、鸡胸和凹胸。良胸肌肉发达，胸前与肩端成一水平面或略突出；鸡胸是胸骨突出于肩端之前；凹胸则凹陷于两肩端之间。鸡胸和凹胸都是缺点。

⑥腹。正常腹部，应是腹线前段和胸下线成同一直线，后段逐渐移向后上方。两侧紧凑充实，与前后躯呈同一平面。垂腹、草腹、卷腹都为不良腹型。

⑦肷。位于腰两侧，在最后一根肋骨之后和腰角之前，也叫肷窝。它的大小与腰的长短有关，腰短者则小，长者则

大。腰窝以看不出为好，大而沉陷者为不良。

⑧生殖器。对公驴应特别注意睾丸的发育情况，做为首条鉴定项目。睾丸要大小适当，有弹性，能活动于阴囊内，左右大小差不多。有隐睾、单睾都不能做种用。对母驴应检查外阴部和乳房，阴唇应闭严，乳房应发达，乳头大略向外开张。

（4）前肢。前肢是主要支持驴体的，又是运动的前导部位。要求前肢骨及关节发育良好，干燥结实，肌肉发达，肢势正常。

①肩部。鉴定时观察其长度、斜度和肌肉状况。肩的长度与胸深相关，胸深则肩长；肩的斜度与肩的长度有关，长肩则斜，与地面的角度小。长而斜、肌肉发育良好的肩，可使前肢举扬、步幅大，有弹性，为理想肩，角度一般在 54°~56°为宜。

②上膊。上膊短而倾斜，肌肉发育良好，有利于前肢屈伸，长度为肩长的 1/2。

③肘。以尺骨头为基础，要求长而大，这样附着肌肉也就强大。肘头要正直，肘头对胸襞要适当离开，其方向应和体轴平行，不可内转和外转。过于靠近胸襞者，常有内向肢势。肘关节的角度为 140°~150°。

④前膊。要长而直，肌肉发达，长则步幅大，直则肢势正，前膊长约为体高的 1/5 以上。

⑤前膝。由腕骨构成，是直接承受体重和下方反冲力的重要关节。需长、广、厚而干燥，轮廓明显，方向正直，无弯膝、凹膝等不正肢势。

⑥管。以掌骨与屈腱为基础。侧望要直而广，屈腱之间有明显的沟，表现体质干燥结实。管直则肢势正，管广便于支持体重。鉴定时注意管部有无管骨瘤等。

⑦球节。球节以广厚、干燥、方向端正为好。球节起着弹力作用，使前肢冲击地面时得以缓和地面的反冲力。

⑧系。其长短、粗细和斜度，对系的坚实性、腱的紧张程度以及运步的弹性等有很大关系，系与地面的斜度以 65°～70°为宜。过长过斜形成卧系，易使屈腱疲劳；过短过直成立系，弹性小，易使系受损，形成指骨瘤。系骨一般为管骨的1/3，从前看时，系和管在同一垂直线上。

⑨蹄冠。蹄冠位于蹄上缘，以皮薄毛细、无骨瘤、无肿胀为好。

⑩前肢肢势。前肢正肢势为：从肩端中点作垂线，平分前膊、膝、管、球节、系、蹄；侧望从肩胛骨上 1/3 的下端作垂线，通过前膊、腕、管、球节，而落在蹄的后方。正肢势的驴运步正确，可发挥高的工作能力；前肢不正肢势为：前望时，两前肢斜向垂线内侧者为狭踏肢势。两前肢斜向垂线外者，为广踏肢势。系蹄斜向内侧者为内向肢势，斜向外侧者为外向肢势。侧望时前踏、后踏及所有不正肢势，均为不良肢势，都影响工作能力。

（5）后肢。后肢以髋关节与躯干相连接，故可以前后活动，后肢弯曲度大，有利于发挥各关节的杠杆作用，并有较大的摇动幅度和推进力。

①股。是产生后肢推动力的重要部位，也是肌肉最多的部分。在鉴定时要求它的肌肉以长、粗者为优。

②后膝。后膝以膝盖和股骨下端、胫骨上端构成的关节为基础，应正直向前，并稍向外倾斜，应与腰角在同一垂直线上，角度以120°左右为宜。

③胫。后肢胫部的作用相当于前肢的前膊，它的长短关系步幅的大小。股越长，则附着肌肉也长，步幅也越大，有利于速度和挽力的发挥。

④飞节。飞节的构造好坏对后肢推进力有重要影响，飞节的方向应端正，不是内弧或外弧，以长而广为良，应干燥强大而无损征，当驴静止站立时，飞节的角度以160°～165°为宜，如角度过大形成直飞节，过小则形成曲飞节，都是缺点。

⑤飞节以下。与前肢鉴定法相同。

⑥后肢肢势。后肢正肢势为：侧望，从髋关节引一垂线，通过胫的中部并落在蹄外缘的中部，系、蹄倾斜一致，与地面成60°～65°。后望，从臀端作垂线，通过胫而平分飞节、后管、球节、系、蹄。后肢不正肢势为：侧望，后肢伸向垂线的前方，为前踏肢势，曲飞节呈刀状肢势，轻度刀状肢势不算大缺点；后肢伸向垂线的后方，为后踏肢势，多是直飞节，步样不畅，缺乏推进力；后望两后肢管骨斜向垂线内侧，为狭踏肢势；斜向外侧为广踏肢势；两飞节突出在两垂线外者，为内弧肢势，同时伴随着内向肢势；两飞节互相靠近在两垂线内的，为外弧肢势，同时伴随着外向肢势。

⑦蹄。蹄的大小应与体躯相称，前蹄比后蹄稍大，略呈圆形，和地面的角度为35°～70°。驴的蹄质坚实而细致，蹄壁为黑色，表面光滑，检查时应注意蹄壁是否光滑，有无纵

横裂纹。蹄形与肢势有关，不正肢势易造成蹄形不正。

● 3. 运步检查 ●

静止驻立鉴定后，还应进行运步检查，在慢步和快步中，从前方、侧方和后方，观察步样是否正确，以及轻快情况如何。还应注意某些部位结构上的缺点和失格损征。另外，也可根据步样检查结果，纠正在驴鉴定中一些错误的判定，如前肢在驻立为正肢势的，可能在运动中表现外向或内向肢势，后肢在驻立时鉴定外向肢势的，可能在运步中表现为正肢势。

● 4. 体尺指标和体重 ●

准确测量驴体各部位，可以了解驴的生长发育、健康和营养状况，弥补眼力观测不足的缺陷，了解驴生长发育，从而准确地选择驴个体，合理饲养和管理。

(1) 驴的体尺测量。测量的用具主要用测杖和卷尺，要求测量者精确掌握各部位体尺的测量位置和测量方法，常用的指标和测量的部位包括以下几个。

①体高。从鬐甲顶点到地面的垂直距离。

②体长。从肩端到臀端的斜线距离。

③胸围。在鬐甲稍后方，用卷尺绕胸1周的长度。

④管围。用卷尺测左前肢管部上1/3部最细的地方，绕1周的长度，说明骨骼的粗细。

测量应在驴体左侧进行，驴应站立在平地上，四肢肢势端正，同时负重。头颈应呈自然举起状态。装蹄铁应减去蹄铁的厚度。测时卷尺应拉紧。一般每个部位测2次以上，取其平均数。

（2）驴的体尺指数。体尺指数一般为驴体各部位的长度或高度与体高之比。描述的是驴体躯各部位之间的比例关系，反映驴的体型特征、发育状况，便于进行不同个体和品种间进行比较。

体长率（%）＝体长/体高×100

该指数表明体型、胚胎及生后发育情况。

胸围率（%）＝胸围/体高×100

该指数表明体躯特别是胸廓发育情况。

管围率（%）＝管围/体高×100

该指数表明骨骼发育情况。

尻长率（%）＝尻长/体高×100

尻宽率（%）＝尻宽/体高×100

这两项指数表明后躯发育状况。

（3）体重测量。一般用地秤测量。应在早晨未饲喂之前进行，连续测量2天，取其平均数。若不用地秤，可用以下公式估算。

体重（千克）＝（胸围×胸围×体长/10 800）＋25

根据驴的体貌和结构来进行本身的种用、役用或肉用价值的鉴定。除对头颈、躯干、四肢三大部分每个部位进行鉴定外，还要对整体结构、体质和品种特征进行鉴定，并按体质外貌标准评定打分。

不同的生产方向，要求不同的体型外貌与之适应，肉用驴要选择体质结实，适应性强，体格重大的驴，皮肤紧凑而有弹性。外貌要求头大小适中，颌凹宽，牙齿咀嚼有力，颈中等长富有肌肉，体躯长（体长指数大于100%），呈桶形，

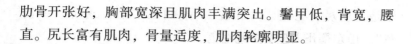

肋骨开张好，胸部宽深且肌肉丰满突出。鬐甲低，背宽，腰直。尻长富有肌肉，骨量适度，肌肉轮廓明显。

二、毛色与别征

　　驴的毛色与别征是识别品种与个体的重要依据，是鉴定驴的重要项目之一。驴体上的毛分被毛、保护毛和触毛。被毛是分布在驴体表面的短毛，被毛在每年的春末脱换成短而稀的毛，晚秋又长成长而密的毛。同时还有不定期的被毛脱换，多是由于营养及一些病理的因素造成的。保护毛亦称长毛，为鬃、鬣、尾、距毛等，驴的保护毛与马相比显得疏短。触毛分布在唇、鼻孔和眼周围，全身被毛中也散在少量分布。

● **1. 驴的毛色** ●

　　（1）黑色。全身被毛和长毛基本为黑色。但依据特点又分为下列几种。

　　①粉黑。亦称三粉色或黑燕皮，陕北称之为"四眉驴"。全身被毛，长毛为黑色，且富有光泽，惟口、眼周围及腹下是粉白色，黑白之间界限分明者称"粉鼻、亮眼、白肚皮"。这种毛色为大、中型驴的主要毛色。粉白色的程度往往是不同的。一般幼龄时，多呈灰白色，到成年时逐渐显黑。有的驴腹下粉白色面积较大，甚至扩延到四肢内侧、胸前、颌凹及耳根处。

　　②皂角黑。此毛色与粉黑基本相同，惟毛尖略带褐色，如同皂角之色，故叫"皂角黑"。

　　③乌头黑。全身被毛和长毛均呈黑色，亦富有光泽，但

不是"粉鼻、亮眼、白肚皮"。这叫乌头黑，或叫"一锭墨"。山东德州大型驴多此毛色。

（2）灰色。被毛为鼠灰色，长毛为黑色或接近黑色。眼圈、鼻端、腹下及四肢内侧色泽较淡，多具有"背线"（亦叫骡线）、"鹰膀"（肩部有一黑带）和虎斑（前膝和飞节上有斑纹）等特点。一般小型驴多呈此毛色。

（3）青色。全身被毛是黑白毛相混杂，腹下和两肋有时是白色，但界限不明显。往往随着年龄的增长而白毛增多，老龄时几乎全成白毛，叫白青毛。还有的基本毛色为青毛，而毛尖略带红色，叫红青毛。

（4）苍色。被毛及长毛为青灰色，头和四肢颜色浅，但不呈"三粉"分布。

（5）栗色。全身被毛基本为红色，口、眼周围，腹下及四肢内侧色较淡，或近粉白色，或接近白色。原在关中驴和泌阳驴中有此色，现已难觅。

除上述主毛色外，还有银河，即全身短毛呈淡黄或淡红色；白毛（白银河），全身被毛为白色，皮肤粉红，终生不变；花毛，在有色毛基础上有大片白斑。但这些毛色在我国驴种中都很少出现。

● 2. 别征 ●

别征有白章和暗章之分。白章指头部和四肢下端的白斑，驴很少见。而暗章，除在灰色小型驴种中经常出现的"背线"、"鹰膀"和"虎斑"外，在中、小型灰驴耳朵周缘常有一黑色耳轮，耳根基部有黑斑分布，称之为"耳斑"，这也属于暗章。

三、根据年龄选择

年龄是一个重要的生物学指标，可影响驴的繁殖、产品的生产和经济利用的水平。随着驴年龄的增长，其遗传特性和潜力都会发生改变。年老的公驴和母驴将性状遗传给后代的能力减弱。在一个群体中如果长期使用年老的公驴和母驴将会引起总的繁殖性能降低、寿命缩短，并且可能产生怪胎。所以，老驴之间不能交配，年轻的公驴与老龄母驴不能交配，不能利用父母均是老驴产生的后代作为种用驴，简称"三不"原则。但可以用老龄的母驴与公马交配生骡。

保持驴群的高繁殖性能，一般适龄繁殖母驴数应占驴群母驴数的50%～70%。

● 1. 老、幼驴外貌区别 ●

（1）幼龄驴。头小，颈短，身短而腿长，皮肤紧、薄有弹性，肌肉丰满，被毛富有光泽。短躯长肢，胸浅。眼盂饱满，口唇薄而紧闭，额突出丰圆。鬃短直立，鬐甲低于尻部。驴在1岁以内，额部、背部、尻部往往生有长毛，毛长可达5～8厘米。

（2）老龄驴。皮下脂肪少，皮肤弹性差。唇和眼皮都松弛下垂，多皱纹，眼窝塌陷，额和颜面散生白毛。前后肢的膝关节和飞节角度变小而多呈弯膝。阴户松弛微开。背腰不平，下凹或突起。动作不灵活，神情呆滞，动作迟缓。

从外观上仅能判断驴的大致年龄，详细的年龄还要根据牙齿的变化判定。

● 2. 驴年龄的牙齿判定 ●

(1) 鉴定方法。驴站好后，鉴定人站到驴的左侧，右手抓笼头，左手托嘴唇，触摸上下切齿是否对齐，而后掰开上下颌（注意要防止被驴咬伤），观察切齿的发生、脱换、磨灭和白齿磨损情况，主要依据是切齿的发生、脱换及磨灭的规律鉴定驴的年龄。

(2) 驴牙齿的数目、形状及构造。驴的齿数及名称见表4－1。驴的切齿共 12 枚，上下各 6 枚，最中间的一对叫门齿，紧靠门齿的一对叫中间齿，两边的一对叫隅齿（图4－2）。

表 4－1 驴的齿式

上颌	左后白齿	前白齿	犬齿	切齿	犬齿	前白齿	左后白齿	合计齿数
下颌	左后白齿	前白齿	犬齿	切齿	犬齿	前白齿	左后白齿	
公驴	3	3	1	6	1	3	3	40
	3	3	1	6	1	3	3	
母驴	3	3	0	6	0	3	3	36
	3	3	0	6	0	3	3	

驴的牙齿由最外层颜面发黄的垩质、中间的釉质层和最内层的齿质构成（图4－3）。釉质在齿的顶端形成了一个漏斗状的凹陷，叫齿坎。齿坎上部呈黑褐色，叫黑窝。黑窝被磨损消失后，在切齿的磨面上可见有内、外两釉质圈，叫齿坎痕。齿髓腔中不断形成新的齿质，切齿就不断向外生长。由于齿髓腔上端不断被新的齿质填充，颜色较深，叫齿星。

在购驴时，一定要分清黑窝、齿坎痕或齿星。如果把齿

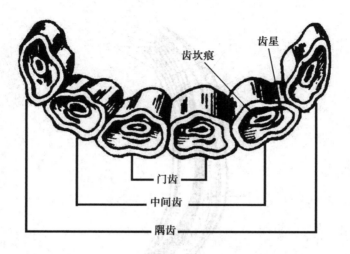

图 4 - 2　驴的切齿排列

星看成是齿坎痕，就会把老龄驴判定为青年驴；若当成黑窝就更错了。

　　正常驴的切齿要求上下切齿垂直对齐为最好，但一般不齐的较多。上排长于下排，称"盖口"或"天包地"；如下排长于上排，称"兜齿"或"地包天"。这两种情况都不好，尤以"地包天"为重，但少见，而不同程度的"天包地"则是较常见的。臼齿为每边上下各六颗对齐，但有的"六顶五"、"五顶六"，这都是缺点。良好的臼齿应该两边都有锐刃，齿中间的珐琅质为曲线状，这种驴具有良好的咀嚼能力。如只在外面有锐刃，在咀嚼时容易使未嚼碎的草滑至口内，须再重新咀嚼，吃草慢；如只在内面有锐刃，则易使未嚼碎的草滑到牙齿与腮之间，积成草团，俗称"攒包"，是一个很大的缺点。

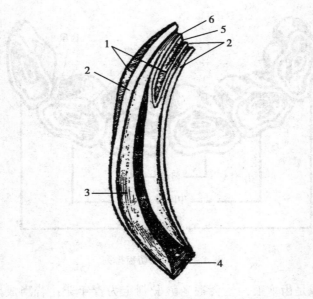

图 4 – 3　切齿的构造

1. 垩质；2. 釉质；3. 齿质；

4. 齿髓腔；5. 黑窝；6. 齿坎

（3）乳齿与永久齿。观察牙齿情况，首先要分清乳齿和永久齿。乳齿体积小，颜色白，上有数条浅沟，齿列间隙大，磨面呈较正规的长方形；永久齿体积大，颜色黄，齿冠呈条状，上有1~2条深沟，齿列间隙小，磨面不规正。

（4）切齿的脱换顺序。驴的牙齿的发生与脱换的时间基本与马相同，一般驴换牙略晚于马。正常三周岁一对牙，四周岁四颗牙，五岁齐口。公驴在四岁半时出现犬齿。此时看口比较容易，上下切齿的角度垂直，齿面扁横。

（5）牙齿磨灭情况。切齿换齐后，看齿面上的渠和齿坎的磨灭情况。因下切齿的渠需用三年磨平，所以，门齿黑窝消失，驴的年龄是六岁；中间齿黑窝消失是七岁；隔齿黑窝消失是八岁。群众有"七咬中渠，八咬边"之说。因下切齿齿坎的深度为20毫米，每年约磨损2毫米，所以，下门齿齿坎磨平要9～10年，下中间齿齿坎磨平需10～11年。群众的经验是"中渠平，10岁龄"。以后下门齿出现齿星，称为"老口"，当上下切齿出现齿星后，再以牙齿磨损情况判定年龄已相当困难，在生产中也没有实际意义。驴的年龄鉴别总结如表4-2。

表4-2　驴的年龄鉴别小结

牙齿变化顺序和主要特征	门齿	中间齿	隔齿
乳齿出现	1周	2周	7～10个月
乳切齿坎磨平	1～1.5岁	1.5～2岁	
乳齿脱落，永久齿长出	3岁	4岁	5岁
永久齿长成，开始磨平	4岁	5岁	6岁
齿坎由类圆形向圆形过渡	7岁	8岁	
齿星出现，齿坎呈圆形开始向后缘移动	8岁	9岁	
下切齿坎磨平	10岁	11岁	12岁
下切齿坎消失，齿星位于中央，呈圆形	13岁	14岁	15岁
下切齿嚼面呈纵椭圆形	16岁	17岁	18岁

　　（6）注意事项。牙齿的磨灭受许多条件的影响。对于这些条件，在鉴定时要充分考虑到，不可机械照搬。为了少出错误，要注意以下因素。

　　①牙齿的质地。墩子牙（直立较短，质地坚硬）由于上下牙对齐，磨面接触密切，黑渠易于磨掉，口齿显老；笏板

牙（长而外伸，质地较松）上下牙接触不太严密，磨灭较轻，口齿显嫩。但笏板牙老年时容易拔缝，而墩子牙可能终生也不拔缝。

②上下牙闭合的形式。天包地或地包天的牙，因门牙上下不吻合，不能相互磨损，有时边牙出现了齿星，而门牙仍然保留着完整的黑渠，甚至终生不消失。

③饲养管理条件。饲养管理条件对牙齿的影响甚大。如草质细软则磨得较轻，如草质粗硬则磨得较重，这种差别，可以造成一、二岁的误差。

④性别。公驴吃草咀嚼用力，牙齿磨损快，而母驴或骟驴因咀嚼较轻，磨损慢，而显口嫩。

四、根据双亲和后裔进行选择

根据遗传学原理，驴亲代的品质，可直接影响其后代，一般以父、母双亲的影响最大。所以，在选种驴时，凡祖先、双亲的外貌、生长发育、生产性能、繁殖性能良好的一般比较好。尤其种公驴，俗话说公畜好，好一坡；母畜好，好一窝。因此，根据驴的双亲和后裔性状加强对种公驴的选择，对提高驴群质量有明显的作用。

后裔选择是根据个体系谱记录，分析个体来源及其祖先和其后代的品质、特征来鉴定驴的种用价值，即遗传性能的好坏。种公驴的后裔鉴定应尽早进行，一般在 2 ~ 3 岁时选配同一品种、品质基本相同的母驴 10 ~ 12 匹，在饲养管理条件相同情况下，比较驴驹断奶时与其母亲在外貌、生产性能等方面的成绩。若子女的品质高于母亲，则认为该公驴是优秀个体。也可以在同一年度、同一种群和相同饲养管理条件下，比较不同公驴的后代遗传特性。

与其他家畜相比，由于驴的时代间隔较长，驴的选种选配需要较长时间才能得到结果，测定的一些指标也远不如其他家畜准确。一旦选错种驴，不容易及时纠正。所以，选择种驴时，要尽量采用综合指标，全面评定各方面的特点。

五、根据本身性状选择

性状一般是指驴的生产或繁殖性状等，因其用途不同而定。肉用驴主要根据其肉用性状（如屠宰率、净肉率、系水力、肉色、肌内脂肪含量、剪切力、肌肉的 pH 值、眼肌面积和大理石纹等）评定，驴的肉用性状表型评定常用膘度，膘度与屠宰率密切相关，膘度的评定是根据驴各部位肌肉发育程度和骨骼显露情况，分为上、中、下、瘦四等。公驴分别给予 8、6、5、3 的分数，而母驴则分别给予 7、5、3、2 的分数。

繁殖母驴主要根据其产驹数、幼驹出生重评定。种公驴则依其精液品质而定。役用驴可根据使役人员在使役中的反映给 7~8 分（优）、6~7 分（良）和 5~6 分（及格）。如有条件，经调教可测定驴的综合能力。

六、综合选择

若单从上述 5 个方面选择种驴，可能会影响到全面评价或育种工作。所以，要迅速提高驴群或品种的质量，则必须实行综合选择或称综合鉴定。对合乎种驴要求的个体，综合以上5个方面按血统来源（双亲资料）、体型外貌、体尺类型、生产性能（本身性状）和后裔品质等指标来进行选种，目的在于对某头驴进行全面评价；或者是期望通过育种工作，迅速提高驴群或品种的质量。

种驴的综合选择一般在1.5岁时，根据系谱、体型外貌和体尺指标初选。3岁时，根据系谱、体型外貌、体尺指标和本身性状进行复选。5岁以上，除前4项外，加后裔测定进行最后选择。我国几个主要驴种都拟定有各自的鉴定标准。驴的综合选种，限于条件和技术，只在种驴场和良种基地进行。

第三节　肉驴的配种技术

一、驴的繁殖特点

● 1. 驴的性成熟 ●

性成熟是指驴驹长到12～15月龄，生殖器官生长发育基本完成，开始产生具有生殖能力的性细胞（精子和卵子）并分泌性激素。也就是从这个时候开始驴具备了繁殖后代的能力。驴的性成熟期受许多因素影响，如品种、自然环境条件、营养和饲养管理等。

● 2. 驴的初配年龄 ●

指初次配种的年龄。性成熟后，驴驹身体继续发育，待到一定年龄和体重时方能配种。过早配种会影响驴体的发育。

母驴开始配种的体重一般应为其成年体重的 70% 左右，初配年龄一般为 2.5 ~ 3 岁。种公驴到 4 岁时，才能正式配种使用。

● 3. 驴的发情季节 ●

　　驴是季节性多次发情的动物。一般在每年的 3 ~ 6 月份进入发情旺期，7 ~ 8 月份酷热时发情减弱。发情期延长至深秋才进入乏情期。母驴发情较集中的季节，称为发情季节，也是发情配种最集中的时期。在气候适宜和饲养管理好的条件下，母驴也可长年发情。但秋季产驹，驴驹初生重小、成活率低、断奶重和生长发育均差。

● 4. 发情周期 ●

　　指从一次发情开始至下一次发情开始，或由一次排卵至下一次排卵的间隔时间。发情周期是母驴一种正常的繁殖生理现象。母驴伴随生殖道的变化，身体内外发生一系列的生理变化。一个发情期内，包括发情前期、发情期、发情后期（排卵期）和休情期（静止期）。母驴的发情周期平均为 21 天，其变幅范围为 10 ~ 33 天。影响发情周期长短的主要因素是气候和饲养管理条件。

● 5. 产后发情 ●

　　母驴分娩后短时间内出现的第一次发情，称为产后发情。母驴与母马相似，产驹数日即可发情配种，而且容易受胎。群众把产后半月左右的第一次配种叫"血配"、"配血驹"或"配热驹"。母驴产后发情不表现"叭嗒嘴"、"背耳"等发情症状，但经直肠检查，确有卵泡发育。母驴产后 5 ~ 7 天，卵

巢上就有发育的卵泡出现，随后继续发育，直到排卵，均无
外部发情表现。关中驴母驴产后首次排卵时间，多集中在产
后的 12 ~ 14 天。

● 6. 发情持续期 ●

指发情开始到排卵为止，中间所间隔的天数。驴的发情
持续期为 3 ~ 14 天，一般为 5 ~ 8 天。发情持续期的长短，随
母驴的年龄、营养状况、季节、气温和使役轻重不同而变化。
一般年龄小、膘情过肥、使役过重的母驴发情持续期较长；
反之则短。在气温较低的北方，每年母驴 2 ~ 3 月份就开始发
情，即所谓的 "冷驴热马"。但早春发情持续期较长，卵泡发
育缓慢，常出现多卵泡发育和两侧卵巢卵泡交替发育的现象，
长者可达 20 天或更长。一般从 4 月份转为正常。

● 7. 妊娠和妊娠期 ●

母驴发情接受配种后，精子和卵子结合受精，称为妊娠。
从妊娠起到分娩止，胎儿在子宫内发育的这段时期称为妊娠
期。驴是单胎妊娠，个别情况也有双胎。驴的妊娠期一般为
365 天。但随母驴年龄、胎儿性别和膘情好坏，妊娠长短不
一，但差异不超过 1 个月，一般前后相差 10 天左右。

● 8. 繁殖性能 ●

驴的平均情期受胎率为 40% ~ 50%，繁殖率为 60%，繁
殖年龄可持续到 16 ~ 18 岁，有的高达 20 岁以上。

情期受胎率 = （一个情期受胎母驴数/参加配种母驴数）× 100%

繁殖率 = （本年度内出生幼驹数/上年度终适繁母驴数）× 100%

二、驴的发情鉴定

驴的发情期长，因此，为确保适时配种和减少配种次数、提高母驴的受胎率，必须进行发情、排卵的检查。发情鉴定的方法有外部观察、阴道检查、直肠检查和试情。通常是在外部观察的基础上重点进行直肠检查。

● 1. 外部观察 ●

母驴发情的特征表现为四肢撑开站立，头颈伸直，耳向后背；上下颌频频开合，有时可听到臼齿相碰时发出的"吧嗒吧嗒"声，当发情母驴聚在一起或接近公驴以及听到公驴叫声时，这种表现更为突出。在发情盛期、被公驴爬跨或用手按压发情母驴背部时，这种表现则发展为"大张嘴"，即张嘴不合，同时有口涎流出。发情开始后 2 ~ 4 天时，当听见公驴鸣叫或牵引公驴与其接近时，即主动接近公驴，并将臀部转向公驴，静立不动，阴核闪动，频频排尿。以上外部表现在发情开始或将结束时表现较弱，而发情盛期时表现很明显。

● 2. 阴道检查 ●

阴道检查宜在保定架中进行。检查前应将母驴外阴洗净、消毒、擦干。所用开膣器要用消毒液浸泡、消毒。检查人员手臂如需伸入母驴阴道触诊，也应消毒，术前涂上消毒过的液状石蜡。阴道检查主要是通过观察阴道黏膜的颜色、光泽、黏液及子宫颈口的开张程度，来判断配种的适宜时期。

（1）发情初期。开膣器插入阴道进行检查时，有黏稠的黏液。阴道黏膜呈粉红色，稍有光泽。子宫颈口略有开张，有时仍弯曲。

（2）发情中期。阴道检查较易，阴道黏液变稀，阴道黏膜充血，有光泽。子宫颈变软，子宫颈口开张，可容1指。

（3）发情高潮。阴道检查极易，阴道黏液湿润光滑，阴道黏膜潮红充血，有光泽，子宫颈口开张，可容2～3指。此期为配种或输精的适宜时期。

（4）发情后期。阴道黏液量减小，黏膜呈粉红色，光泽较差，子宫颈开始收缩变硬，子宫颈口可容1指。

（5）静止期。静止期阴道被黏稠浆状分泌物黏结，阴道检查困难，阴道黏膜灰白色，无光泽。子宫颈细硬，呈弯曲状，子宫颈口紧闭。

● 3. 直肠检查 ●

直肠检查准确性大，但操作要求高，应严格遵照直肠检查的操作程序进行检查。直肠检查是鉴定母驴发情和早期妊娠诊断较准确的方法，也是诊断母驴生殖器官疾病、消除不孕症的手段之一。所以，直肠检查是饲养者必须掌握的一种操作技术。

（1）直肠检查的注意事项。触摸时，应用手指肚触摸，严禁用手指抠揪，以防抠破直肠壁，引起大量出血或感染而造成死亡。

触摸卵巢时，应注意卵巢的形状，卵泡大小、弹力、波动和位置。卵巢发炎时，应注意区别卵巢在休情期、发情期及发炎时的不同特点。

触摸子宫角的形状、粗细、长短和弹性。如子宫角发炎时，要区别子宫角休情期、发情期及发炎时的不同特点。

排粪时，检查者先以手轻轻按摩肛门括约肌，刺激努责排粪；或用手推压停在直肠后部的粪便，以压力刺激，使其自然排粪。术者右手握成锥形缓慢进入直肠，掏出前部粪便。掏粪时，应保持粪球完整，避免捏碎，以防未消化的草秸划破肠道。

（2）准备工作。为防止母驴蹴踢，确保检查者安全，应事先保定好母驴。保定方法有2种：即栏内保定和拦绳保定。

检查者指甲应剪短、磨光，以防划伤肠道。消毒手臂时，先用无刺激的消毒液消毒，然后再用煮沸降温的清水冲洗。消毒母驴外阴部时，先用无刺激的消毒药液洗刷，然后用煮沸过的清水冲洗。

（3）检查方法。检查者以左手检查右侧卵巢，右手检查左侧卵巢，右手进入直肠，手心向下，轻缓向前，当发现母驴努责时，应暂缓，待到直肠狭窄部时，以四指进入狭窄部，拇指在外。此时，检查方法有两种。

①下滑法。手进入狭窄部，四指向上翻，在三四腰椎处摸到卵巢韧带，随韧带而下，就可摸到卵巢。由卵巢向下就可摸到子宫角、子宫体。

②托底法。手进入直肠狭窄部，四指向前下摸，就可以摸到子宫底部，顺子宫底向左上方移动，便可摸到子宫角。到子宫角上，轻轻向后拉就可摸到左侧卵巢。

（4）检查内容。

①卵泡发育初期。卵巢的一端（前端或后端）或背部有一处或数处膨胀，稍增大，这就是一些刚出现的新卵泡。卵泡硬而小，表面光滑，如硬球突出于卵巢表面上，稍有弹性

但无波动。此期一般持续时间为 1～3 天。

②卵泡发育期。卵泡发育增大，呈球形，卵泡液继续增多，柔软而有弹性，以手指触摸有微波动感。排卵窝由深变浅。此期一般持续 1～3 天。

③卵泡生长期。卵泡继续增大，触摸柔软，弹性增强，波动明显。卵泡壁较前期变薄，排卵窝较平。此期一般持续 1～2 天。

④卵泡成熟期。此时卵泡体积发育到最大程度。卵泡壁薄而紧张，有明显的波动感，弹性减弱，排卵窝浅。此期持续时间 1～5 天。母驴的配种宜在这一期卵泡开始失去弹性时进行。

⑤排卵期。卵泡壁菲薄，弹性消失，变为柔软，有一触即破的感觉。触摸时，部分母驴有不安和回头看腹的表现。有时触摸的瞬间卵泡破裂，卵子排出，直肠检查时则可明显摸到排卵及卵泡膜。此期一般持续 2～8 小时。母驴排卵的时间，一般在发情开始后 3～5 天，即发情停止前 1 天左右。

⑥黄体形成期。排卵后，卵巢体积显著缩小，原来有卵泡处呈 2 层皮或不定形的软柿状，压迫时柔软而有弹性。在一昼内，由于原卵泡腔可能充满血液，故略有波动。在两昼夜内，有新的黄体出现，呈软面团状，以后逐渐变硬。

⑦休情期。卵巢上无卵泡发育，卵巢表面光滑，排卵窝深而明显。

● 4. 试情法 ●

利用公驴来检查母驴是否发情及发情程度，然后确定是否进行直肠检查或配种。试情常用于发情不明显的母驴，方法有两种，即为牵引试情和分群试情。

（1）牵引试情。将试情公驴拴在试情架的一侧，再将母驴牵拉至另一侧。先将公、母驴的头部接触，相互熟悉，然后将母驴尾部调向公驴。如母驴发情显著，则会表现出主动接近公驴，又开后腿，尾高举，阴门翻动，闪露阴蒂，频频排尿，流出黏稠液体，不拒绝公驴的爬跨，这段时间持续 1～3 天，是配种的最好时期。对发情微弱的母驴需作稍长时间观察。不发情的母驴则表现体躯回避，尾紧护其阴部，或暴躁不安、又咬又踢。

（2）分群试情。在每群 30～50 头母驴中，放入试情公驴一头，挑出发情母驴。试情公驴是无种用价值的驴，施行过输精管结扎手术或其他手术，仍保持性欲，但不能使母驴怀孕。试情公驴须确无传染性疾病及寄生虫性疾病。

试情法虽然能确定母驴是否发情，但不能准确判定排卵时间。

三、驴的同期发情

同期发情是对母驴发情周期进行同期化处理的方法，又称同步发情。同期发情技术主要采用激素类药物，改变自然发情周期的规律，从而将发情周期的过程调整统一，使群体母驴在规定的时间内集中发情和排卵。

● 1. 同期发情的优点 ●

（1）有利于推广人工授精。人工授精技术的普及往往因驴群过于分散（农区）或交通不便（牧区）而受到限制，从而在一定程度上影响着人工授精技术的迅速推广应用。如果能在短时间内使驴群集中发情，就可采用人工授精技术。因此，同期发情技术为驴人工授精技术的普及和冷冻精液的应用创造了良好的条件。

（2）有利于驴的集约化生产。同期发情对驴的生产有利，具有经济上的意义。配种时间相同，母驴的妊娠、分娩和幼驹的培育在时间上相对集中，驴的成批生产，有利于更合理的组织生产，有效地进行饲养，可以节约劳力、时间和费用，对肉驴的工厂化生产有很大的实用价值。

（3）提高繁殖率。同期发情不但可以用于周期性发情的母驴，而且也使乏情状态的母驴出现周期性发情。

（4）为驴胚胎移植的研究创造条件。同期发情在驴的胚胎移植技术的研究和应用中，是常采用甚至是不可缺少的一种方法。

● 2. 同期发情实现的途径与方法 ●

（1）同期发情实现的途径。同期发情技术是利用外源激素刺激卵巢，使其按预定的要求发生变化，使受处理母驴的卵巢生理机能都处于相同阶段，从而达到同期发情的目的。同期发情技术有两条途径。

①延长黄体期（由黄体形成至黄体退化之间的时期），给一群母驴同时施用孕激素药物，抑制卵泡的生长发育的发情表现。经过一定时期后同时停药，由于卵巢同时失去外源性孕激素的控制，卵巢上的周期黄体已退化，于是同时出现卵泡发育，引起母驴发情。

②缩短黄体期，应用 $PGF_{2\alpha}$，加速黄体退化，使卵巢提前

摆脱体内孕激素的控制，于是卵泡得以同时开始发育，从而使母驴达到同期发情。

（2）同期发情的方法。马属动物用前列腺素 F_{2a} 及其类似物，如氟前列烯醇（1C181008）和氯前列烯醇（1C180996），作为同期发情的药物，效果较好。采用子宫内灌注法的效果优于肌内注射法。注入子宫内，用量为 1~2 毫克，肌内注射量大些。应用 PGF_{2a} 类似物制剂肌内注射 0.5 毫克。经前列腺素处理后的群体母驴，一般在 2~4 天后有 75% 母驴集中表现发情，另一部分母驴是处于非黄体期。如果要使全群母驴达到同期发情，可在第一次使用前列腺素处理后 11 天，再用前列腺素处理 1 次。

据观察，在间情期（属于黄体期范围）向子宫内注入生理盐水，可以促使发情期提前到来，这可能是生理盐水刺激子宫内膜，增强前列腺素的分泌，致使黄体溶解，从而引起发情。

四、驴的人工授精

采用人工授精配种技术，不仅使优秀的公驴得到充分的利用，而且由于选优淘劣，扩大了优秀公驴的选配，加速了驴种品质的提高，从而也降低了种公驴的饲养成本。母驴通过发情鉴定和适时的人工配种，减少了传染病，提高了母驴的受胎率。随着冷冻精液技术的成熟和推广，等于延长了种公驴的利用年限，公母驴的远距离授精成为可能。

人工授精包括直肠检查、采精、精液稀释、输精和妊娠检查五个方面的内容。整个工作要求技术人员操作熟练，做到严格消毒，细心操作，准确地配制稀释液和药液，达到这些要求才能取得好的效果。

● 1. 直肠检查 ●

通过直肠检查，触摸卵巢来确定母驴配种的适宜时期。

● 2. 采精 ●

即利用器械采取种公驴的精液。要想取得满意的采精效果，关键是种公驴的选择、调教和技术人员正确的采精技术。对公驴采用假阴道采精，步骤如下。

（1）台母驴的选择与保定。选择的台母驴应处在发情旺期，最好是体格健壮、无病而温顺的经产母驴。将选定的台母驴保定在采精栏上。有条件时可采用假台畜采精，则更安全、简便。

（2）假阴道的准备。装好假阴道后，先用 65% 的酒精消毒内胎及集精杯，再用 96% 的酒精擦拭，待酒精挥发后，再用稀释液冲洗。

（3）假阴道的调温、调压、涂润滑剂。先灌入 1500～2000 毫升的 42℃ 温水，用温度计测试假阴道内壁的温度，根据公驴的生殖生理要求，保持在 39～41℃ 的最佳温度。吹气加压，使采精管大口内胎缩成三角形为宜。压力合适与否，种公驴个体间有一定的差异。压力过大，阴茎不易插入；压力过小，公驴缺少兴奋而不射精。最后用玻璃棒蘸润滑剂涂抹至假阴道内壁的前 1/3。如涂抹过深，易使润滑剂流入集精杯内。

（4）清洗公驴外生殖器。用软毛巾蘸温开水冲洗种公驴的外生殖器。

（5）采精。采精员站在台畜的右侧，右手握采精筒，待种公驴阴茎勃起，爬跨上台驴后，顺势轻托种公驴阴茎，导入假阴道。切忌用手使劲握、拉阴茎。持假阴道的角度不宜定死。因种公驴的阴茎勃起时有 3 种情况：一种是勃起时上挑；二是勃起时下拖；三是勃起时平直。故应根据阴茎的情况来掌握角度，达到使阴茎在阴道内抽动自如，不使阴茎曲折。公驴射精后，立即将假阴道气孔阀门打开，慢慢放气。假阴道也随之逐步竖起，使全部精液流入集精杯内，以纱布封口，送入精液处理室。

● 3. 精液处理 ●

室内凡接触精液的器械，事先一律经高压消毒，用稀释液冲洗后备用。

（1）精液检查。将采取的精液用四层纱布过滤到量精杯内，以便除去胶质。随之检查精液品质。

①肉眼观察。正常精液的颜色，应为乳白色，无恶臭味。如发现颜色为红色、黄色、灰色或具有恶臭味等，要分析原因，停止使用。同时应记录射精量。

②显微镜检查。用显微镜观察精子活力，并计算密度和畸形精子数，同时分别记录。驴精子活力低于 0.4 者，不能使用。密度一般为 1.5 亿个/毫升；精液过稀者，影响受胎。

（2）精液稀释。将配好的稀释液加温，使稀释液的温度基本上与精液温度相近，不可过高或过低。稀释时应将稀释液杯口紧贴量精杯口，沿杯口慢慢倒入。稀释的倍数，应根据受胎母驴数、原射精量、精子密度、活力和计划保存时间来决定所用稀释液的种类和稀释倍数（一般为 2 ~ 3 倍）。对稀释后的精液要进行第二次镜检，以验证稀释效果。如出现异常现象，要对稀释液进行检查。稀释液配方如下。

①葡萄糖稀释液。无水葡萄糖 7 克，蒸馏水 100 毫升。

②蔗糖稀释液。精制蔗糖 11 克，蒸馏水 100 毫升。这两种稀释液，均需混合过滤，消毒后使用。

③乳类稀释液。新鲜牛奶、马奶、驴奶或奶粉（10 克淡奶粉加 100 毫升蒸馏水）均可。先用纱布过滤，煮沸 2 ~ 4 分钟，再过滤冷却至 30℃ 左右备用。所有稀释液均应现配现用。

● 4. 输精 ●

将受配母驴保定在四柱栏内，外阴部消毒后，再用温开水冲洗，并用消毒纱布擦干。输精时，输精员站在母驴后方偏左侧，右手握住输精管，五指形成锥形，缓缓插入母驴阴道内，快速握子宫颈，将输精管插入子宫颈后，徐徐送入。左手握住注射器，抬高任精液自流输入。

输精时应注意的问题是：输精部位应在子宫体或子宫角基部为宜，不要过深，一般输精管插入子宫颈口 5 ~ 7 厘米为好。输精量为 15 ~ 20 毫升，但要保证输入有效精子数为 2 亿 ~ 5 亿个。输精速度要慢，以防精液倒流。注射器内不要混入空气，防止感染。发现精液倒流时，可用手捏住宫颈，轻轻按摩，促使子宫收缩，或轻压背腰部，使其伸展，并牵行运动。

五、驴的自然交配—人工辅助交配

这是在农村和不具备人工授精条件的地区普遍采用的方法。大群放牧的驴多为自然交配。而农区则只是母驴发情时才牵至公驴处，进行人工辅助交配，这样可以节省种公驴的精力，提高母驴受胎率。

因母驴多在晚上和黎明时排卵，因而交配时间最好安排在早晨或傍晚。

配种前，先将母驴保定好，用布条将尾巴缠好并拉于一侧，洗净、消毒、擦干外阴。公驴的阴茎最好也用温开水擦洗。配种时，先牵公驴转 1～2 圈，促进性欲，然后使公驴靠近母驴后躯，让它嗅闻母驴阴部，待公驴性欲高涨，阴茎充分勃起后，要及时放松缰绳，让它爬跨到母驴背上，辅助人员迅速而准确地把公驴阴茎轻轻导入母驴阴道，使其交配。当观察到公驴尾根上下翘动，臀部肌肉颤抖，表明在射精。交配时间一般 1～1.5 分钟。射完精后公驴一般伏在母驴背上不动，可慢慢将它拉下，用温开水冲洗阴茎，慢慢牵回厩舍休息。

如不进行滤泡直肠检查，人工辅助交配，要在母驴外观发情旺盛时配种，可采用隔日配种的方法，配种 2～3 次即可。

六、妊娠诊断

驴的妊娠检查应在输精后 18 天左右，进行首次妊娠检查，可防止隐性发情的空怀和假发情的人为流产。妊娠检查常采用外部观察、阴道检查、直肠检查等3种方法。

● 1. 外部检查 ●

外部检查是通过肉眼观察母驴的外部表现来判断妊娠与否。母驴妊娠后的表现是：配种后，下一个发情期不再发情。随着妊娠日期的增加，母驴食欲增强，被毛光亮，肯上膘。行动缓慢，出气粗。腹围加大，后期可看到胎动（特别是饮水后）。依外部表现鉴定早期妊娠的准确性，只供判断妊娠时参考，因而达不到早期妊娠鉴定的目的。

● 2. 阴道检查 ●

阴道检查是通过检查阴道黏膜、子宫颈状况来判断妊娠与否。母驴妊娠后，阴道被黏稠分泌物所粘连，手不易插入。阴道黏膜呈苍白色，无光泽。子宫颈收缩呈弯曲状，子宫颈口被脂状物（称子宫栓）堵塞。

● 3. 直肠检查 ●

同发情鉴定一样，通过直肠检查卵巢、子宫状况来判断妊娠与否。这是判断母驴是否妊娠的最简单而可靠的方法。检查时，将母驴保定，按上述直肠检查程序进行。判断妊娠的主要依据是：子宫角的形状、弹性和软硬度，子宫角的位置和角间沟的出现；卵巢的位置，卵巢韧带的紧张度和黄体的出现；胎动；子宫中动脉。

妊娠25天：空怀时，子宫角呈带状。妊娠后，呈圆柱状或两子宫角均为腊肠状，前端尖。子宫壁变厚，质地硬实而有弹性，但空角较松软而壁薄，在空角上常形成一个弯曲。

在孕侧子宫角基部出现柔软如乒乓球大的突起胚泡。

妊娠 30 ~ 35 天：孕角较短、较粗，空角较柔软，孕侧子宫角基部膨大。膨大部有鸡蛋大小，触之硬而有弹性，有时柔软而有波动感。膨大部下壁与空角之间形成一条凹沟。此期孕角下沉，卵巢位置亦随之稍下降。

妊娠 40 ~ 45 天：膨大部如拳头样大小，触诊感觉壁硬而有紧张的波动；有时壁软，液体波动感就较清楚。孕侧子宫角下垂明显。

妊娠 50 ~ 60 天：膨大部大如垒球或稍大。壁往往紧张，感觉较硬，但也有时柔软，壁薄；有时先感柔软，后又紧张而稍感硬。膨大部内液体波动明显。此时，应注意不要和充满尿液的膀胱相混淆。

妊娠 60 ~ 70 天：膨大部大如婴儿头，两卵巢距离逐渐靠近位于腹部中央。胚泡壁不甚紧张，液体波动明显。除子宫体和孕角外，空角基部也膨大，整个呈椭圆形。

妊娠 80 ~ 90 天：膨大部大如篮球，子宫由耻骨前缘向腹腔下沉。壁松软，但有时也稍紧张，液体波动明显。偶尔可触及胎儿浮在羊水中。子宫阔韧带和卵巢系膜，尤其是系膜前缘变得紧张，两卵巢更加靠近。

妊娠 4 个月：在耻骨前缘，子宫壁呈袋状向前向下沉。子宫颈位于耻骨前缘处。子宫壁柔软，液体波动明显。孕角侧子宫中动脉较空角侧粗大；出现很轻微的妊娠脉搏，时隐时现，须轻轻触诊才感觉到。

妊娠 150 ~ 210 天：妊娠子宫下沉入腹腔底部，已触及不到整个子宫的轮廓，可以清楚地摸到胎儿，孕侧子宫动脉妊娠脉搏明显。

妊娠 210 天以上，子宫开始上升，胎儿的前置部分进入骨盆腔内。空角侧子宫动脉也出现妊娠脉搏。

七、驴的接产及难产处理

●1. 母驴产前的准备工作 ●

（1）产房准备。产房要向阳、宽敞、明亮，房内干燥。既要通风，又要保温和防贼风侵袭。产前应进行消毒，备好新鲜柔软的垫草。

（2）必要的药品和用具。如肥皂、毛巾、刷子、消毒药（新洁尔灭、来苏儿、酒精和碘酊）、产科绳、镊子、剪子、脸盆等。有条件时，应备有常用的医疗器械和手术助产器械。

（3）助产人员。产房内应有固定的助产人员。他们应受过助产专门训练，熟悉母驴分娩的生理规律，能遵守助产的操作规程。助产用器械及手臂应进行消毒。

●2. 观察孕驴分娩前的表现 ●

畜主应熟悉母驴临产表现，能大致判定分娩时间。做到接产有人，预防可能发生的事故。

驴妊娠到 11 个月时乳房增大，从乳头中流出黄色透明乳汁时，预示接近临产期。分娩前十几天，乳房、乳头增大，乳汁明显。外阴部潮红，尾根两侧肌肉塌陷。临产时，孕驴表现不安，不愿采食，出现疝病症状，喘气粗，回头看腹，时卧时起，用前蹄刨地。此时，应专人守候，随时做好接产准备。

● 3. 正常分娩的助产 ●

当孕驴出现分娩表现时，助产人员应消毒手臂，做好接产准备。铺平垫草，使孕驴侧卧，将棉垫垫在驴的头部，防止擦伤头部和刺伤眼睛。正常分娩时，胎膜破裂，胎水流出；如胎儿产出，胎衣（羊膜）未破，应立即撕破羊膜，便于胎儿呼吸，防止窒息。正生时，幼驹的两前肢伸出阴门之外，且蹄底向下；倒生时，两后肢蹄底则向上，产道检查时可摸到幼驹的臀部。助产时，切忌用手向外拉，以防胎儿骨折。助产者要特别注意对初产驴及老龄驴的助产。

● 4. 母驴难产的助产方法 ●

分娩过程是否顺利进行，取决于胎儿姿势、大小及母驴的产力、产道是否正常。如果它们发生异常，不能相互适应，胎儿的排出受阻，就会发生难产。难产发生后，如果处理不当或治疗不及时，可能造成母驴及幼驹的死亡。因此，在临床正确处理难产，对保护胎儿健康和提高繁殖成活率有重要意义。常见的难产表现和相应的助产方法有以下几种。

（1）胎头过大。由于胎儿头部过大难以娩出，造成难产。

助产方法：首先，润滑产道；然后，将胎儿两前肢处在一前一后的位置，缓慢牵引。还可考虑截去一肢后牵引。若实在不行，则实行剖腹产。

（2）头颈姿势异常。头颈侧弯即胎儿两前肢已伸入产道。

助产办法：母驴尚能站立时，应前低后高；不能站立时，应使母驴横卧，胎儿弯曲的头颈置于上方，这样有利于矫正或截胎。

弯曲程度不仅头部弯曲，同时母驴骨盆口之前空间较大，可用手握着唇部，即能把头扳正。如胎儿尚未死亡，助产者用拇、中二指捏住眼眶，可以引起胎儿的反抗活动，有时能使胎头自动矫正。

弯曲严重不能以手矫正时必须先推动胎儿，使入骨盆口之前腾出空间，才能把头拉直。可用中间三指将单绳套带入子宫，套住下颌骨体，并拉紧。在术者用产科梃顶在胸前和对侧前腿之间推动胎儿的同时，由助手拉绳，往往可将胎头矫正。

当胎儿死亡时，无论轻度或重度头颈侧弯，均可用锐钩钩住眼眶，在术者的保护下，由助手牵拉矫正之；同时，也须配合推动胎儿。此时，要严防锐钩滑脱，以免损伤子宫、产道或术者的手臂。

（3）前肢姿势异常。前腿姿势异常是由于胎儿的一前肢或两前肢姿势不正而发生的难产。

①腕部前置。这种异常是前肢腕关节屈曲，增大胎儿肩胛围的体积，从而发生难产。

助产方法：如系左侧腕关节屈曲，则用右手；如右侧屈曲，则用左手。先将胎儿送回产道，用手握住屈曲肢掌部，向上方高举，然后将手放于下方球关节部暂时将球关节屈曲，再用手将球关节向产道内推伸直，即可整复。

②肩部前置。即胎儿的一侧或两侧肩关节向后屈曲，前肢弯向自身的腹下或躯干的侧面，使胸部截面面积增大而不能将胎儿排出。

助产方法：胎儿个体不大，一侧或两侧肩关节前置时，可不加矫正。在充分润滑产道之后，拉正常前肢及胎头或单拉胎头，一般可拉出。对于胎儿较大或估计不矫正不能拉出时，先将胎儿推回子宫，术者手伸入产道，用手握住屈曲的臂部或腕关节，将腕关节导入骨盆入口，使腕关节屈曲，再按整复腕关节屈曲方法处理，即可整复。

（4）后肢姿势异常。跗部、坐骨前置倒生时，一侧或两侧跗关节、髋关节屈曲，从而发生难产。

助产方法：助产方法和前肢的腕部前置和肩部前置时基本相同。无法矫正的则采用绞断器绞断屈曲后肢，分别拉出。

无论发生何种难产，矫正或截胎困难时，应立即进行剖腹产手术取出胎儿。

● 5. 新生幼驹的护理 ●

当胎儿产出后，应立即擦掉嘴唇和鼻孔上的黏液和污物，接着进行断脐。

（1）徒手断脐。现多采用徒手断脐，这样脐带干涸快，不易感染。其方法是，在靠近胎儿腹部 3~4 指处，用手握住脐带，另一只手捏住脐带并向胎儿方向捋几下，使脐带里的血液流入新生驹体内。待驹脐静脉搏动停止后，在距离腹壁 3 指处，用手指掐断脐带，再用 5% 碘酒棉充分消毒残留于腹壁的脐带余端，不必包扎。但每过 7~8 小时，再用 5% 的碘酒消毒 1~2 次即可，只有当脐带流血难止时，才用消毒绳结扎。不论结扎与否，都必须用碘酒彻底消毒。

（2）结扎法断脐。在距胎儿腹壁 3~5 厘米处，用消毒棉线结扎脐带后，再剪断消毒。这种方法由于脐带端被结扎，干涸慢，常因消毒不严，容易被感染发炎，所以，尽可能采用徒手断脐法。

（3）幼驴驹的护理。母驴产后多不像牛、马那样舐驹体上的黏液。助产者可用软布或毛巾擦干驹体上的黏液，以防止驹儿受凉。尽早让驹儿吃上初乳，以增强抗病能力，有助于排除胎粪，防止便秘。

八、提高驴繁殖率的措施

● 1. 影响繁殖力的主要因素 ●

（1）遗传的影响。遗传因素对驴的繁殖具有明显的影响。实践证明，近亲繁殖会明显造成繁殖机能下降。公驴精液质量和受精能力与其遗传性也有着密切的关系。母驴的发情、卵泡发育以及母驴子宫与胚胎的识别也都与其遗传性有着密切的关系。

（2）环境的影响。环境条件是影响驴繁殖过程的又一重要因素。环境条件对驴繁殖的影响主要有以下2点。

①日照长度。日照长度周期性变化被认为是控制发情生理活动最重要的环境因素之一。冬至以后，白昼渐长，黑夜渐短。夏至以后则白昼渐短，黑夜渐长。这种变化对驴发情季节的影响较为明显。例如，白昼光照渐长的刺激而出现发情；在乏情季节，通过增加光照可以引起母驴发情。日照不仅能影响母驴的性周期，也影响公驴的生殖机能和精液品质。试验证明，延长日照时间，特别是在日照短的季节用人工的方法增加光照时间，可改进公驴的精液品质。

②环境温度。环境温度对公、母驴的繁殖亦有明显的影

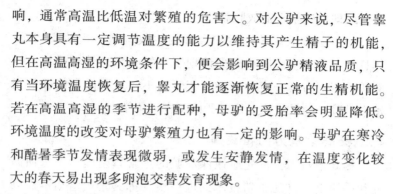

响，通常高温比低温对繁殖的危害大。对公驴来说，尽管睾丸本身具有一定调节温度的能力以维持其产生精子的机能，但在高温高湿的环境条件下，便会影响到公驴精液品质，只有当环境温度恢复后，睾丸才能逐渐恢复正常的生精机能。若在高温高湿的季节进行配种，母驴的受胎率会明显降低。环境温度的改变对母驴繁殖力也有一定的影响。母驴在寒冷和酷暑季节发情表现微弱，或发生安静发情，在温度变化较大的春天易出现多卵泡交替发育现象。

　　（3）营养的影响。营养也是影响驴繁殖力的重要因素。驴从饲草饲料中获取营养，如果机体营养缺乏，可以影响垂体及性腺的机能。例如，草料不足或常年舍饲，缺乏某些物质，如磷、钴、碘等矿物质及 B 族维生素、维生素 A、维生素 E 等，可使垂体促性腺激素的分泌受到抑制，或卵巢机能对垂体促性腺激素的反应受到扰乱，使母畜发情受到影响。

　　营养过度也会影响生殖活动，公驴过肥会影响性欲和交配的能力；母驴过肥，卵巢、输卵管和子宫等部分脂肪过厚，有碍于卵泡发育、排卵和受精，另外，由于脂肪过多，造成血浆中孕激素浓度下降，还会造成发情表现微弱或安静发情。

　　（4）配种时间的影响。假若精子和卵子均属正常，则影响驴繁殖力的主要因素为配种时间是否适时。驴的发情期较长，卵子排出后若不能及时与精子相遇而完成受精过程，则随着时间的延长而衰老，受精能力减弱，最后丧失受精能力。某些衰老的卵子即使能与精子受精，也往往会影响早期胚胎的正常发育甚至造成死亡，导致母驴流产。精子达到受精部位停留的时间过长，精子可能发生衰老，从而影响其受精能力，或即使受精也造成胚胎死亡。

（5）管理的影响。对驴合理的放牧饲喂、运动或调教、休息、厩舍卫生设施和交配计划制定等一系列管理措施，均对驴的繁殖力有一定的影响。若管理不善，不但会使驴的繁殖力下降，而且往往会造成驴的不育或不孕。

● 2. 提高繁殖力的措施 ●

提高繁殖力，首先应该保证驴的正常繁殖能力，进而研究和采用更先进的繁殖技术，进一步发挥其繁殖潜力。提高驴的繁殖力主要有以下途径。

（1）加强对种驴的选择。加强选种，繁殖力受遗传因素的影响很大，不同品种和不同个体的繁殖性能亦有差异。尤其是公驴对后代的影响很大，因此，选择繁殖力高的公、母驴是提高驴繁殖率的前提。

对于母驴的选择，应注意在正常饲养条件下对其性成熟的早晚、发情排卵情况、产驹间隔、受胎能力及哺乳性能等进行综合考察。

在公驴的选择中，应注意公驴的遗传性能、体形外貌、繁殖历史和繁殖成绩，并重视对公驴的一般生理状态、生殖器官（睾丸、附睾的质地和大小、精子排出管道、副性腺的功能）、精液品质（精子的活力、密度、精子的形态）和生殖疾病等方面的检查。

增加母驴数量，母驴是驴群增殖的基础，母驴在驴群中的数量越多，驴群增殖的速度就越快。因此，迅速发展规模化养驴业是提高驴繁殖率的最有效的途径。

加强科学的饲养管理，特别是在发情配种季节使母驴具有适当的膘情，是保证母驴正常发情和排卵的物质基础。营养缺乏会使母驴瘦弱，内分泌活动受到影响，性机能减弱，生殖机能紊乱，常出现不发情、安静发情、发情不排卵、排卵数减少等；种公驴表现精液品质差、性欲下降等；公驴过肥，会影响性欲和交配能力；母驴过肥，卵巢、输卵管和子宫等部分脂肪过厚，有碍于卵泡的发育、排卵和受精，另外，由于脂肪过多，造成血浆中孕激素浓度下降，还会造成发情表现微弱或安静发情。

（2）做好发情鉴定和适时配种。正常情况下，刚刚排出的卵子生命力较强，受精力也最高。一般说来，输精或自然交配距排卵的时间越近受胎率越高。这就要求对母驴发情鉴定尽可能准确，才能做到适时输精。母驴的发情鉴定通常是在外部观察的基础上重点进行直肠检查。直肠检查根据卵泡的有无、大小、质地等变化，掌握卵泡的发育程度和排卵时间，以决定最适时的输精时间。近几年来，在推行直肠把握输精方法的同时，结合触摸卵泡发育程度进行输精，已达到了60%左右的发情期受胎率。

（3）采用和推广繁殖新技术。人工授精技术的推广，大大提高了种公畜的利用价值和驴群的生产水平。在推广人工授精技术过程中，一定要遵守操作规程，其中发情鉴定、清洗和消毒器械、采精、精液处理、冷冻、保存及输精等，是一整套非常细致严密的操作，各环节密切联系。任何一个环节掌握不好，都能造成失配、不孕的后果。为了提高驴的繁殖力，应逐步应用适宜、成熟的繁殖新技术，如同期发情、胚胎移植、超数排卵、控制分娩、诱发发情、性别控制、基因导入、胚胎冷冻及保存等技术。生殖激素的正确使用，可使患繁殖障碍的母驴恢复正常的生殖机能，从而保持和提高其繁殖力。

（4）进行早期妊娠诊断，防止母驴空怀。通过早期妊娠诊断，能够及早确定母驴是否妊娠，做到区别对待。对已确定妊娠的母驴，应加强保胎，使幼驹正常发育，可防止孕后发情误配。对未孕的母驴，应及时找出原因，采取相应措施，不失时机地补配，减少空怀时间。

（5）防止胚胎早期死亡和流产。胚胎早期死亡和流产的影响因素很多。尚未形成幼驹的早期胚胎，在母驴子宫内一旦停止发育而死亡，一般被子宫吸收，有的则随着发情或排尿而被排出体外。因为胚胎消失和排出不易为人们所发现，因此称为隐性流产。驴的平均流产率在10%左右；流产多发生在妊娠5个月前后，在这个时期避免突然改变饲养条件。合理的使役或运动是有效预防流产的措施。也有人建议在妊娠120天后皮下埋植300毫克孕酮，对防止流产可能有效。

第五章　肉驴的饲料与营养

驴是草食家畜，主要靠采食草类及农副产品来维持生命和进行生产活动。凡是能被家畜采食、消化、利用，对家畜无毒害作用的物质都叫饲料。饲料中含有的对家畜维持生命、进行生产活动有用的物质叫做营养物质。我国地域辽阔，各地气候条件不同，饲料种类也不一样，而各种饲料中营养物质含量也不相同。我们要掌握各类饲料的特点、驴的消化生理特点和驴对各种营养物质的需要量，根据当地饲料条件选用和调制，粗细搭配，科学饲养。

第一节　驴的消化生理及其对饲料利用

一、驴的消化生理特点

驴的上、下唇灵活，采食饲料时，用唇将草料纳入口中，用切齿切断、臼齿咀嚼磨碎，同时混合大量唾液，形成食团咽下。驴的唾液腺发达，只有在咀嚼食物时才分泌唾液，反复咀嚼的时间越长，唾液分泌量就越多。不同性质的饲料，能引起驴分泌不同量和不同成分的唾液，饲喂切碎的鲜干草时，唾液的分泌量最多，约是干草重的 4 倍；饲喂鲜草时，唾液的分泌量最少，是鲜草重的 0.5 ~ 1 倍。另外，饲料中增加调味剂（如食盐、酵母等）能刺激驴分泌唾液。驴的口裂较小，每次采食的饲料量较少，50~100克，所以，为了满足其生长和生产需要，应给予驴较长的日采食时间。

驴的胃容积小，只相当同样大小的牛的1/5。胃液的分泌是连续性的，但到了日常饲喂时间，分泌量就开始增加，驴采食鲜干草、麦麸时胃液分泌多，采食陈旧的干草时分泌少，采食青草时分泌量居中。饲料中添加食盐和酵母等调味品或炒熟、磨碎等，都可刺激胃液的分泌。食团与胃液混合后形成食糜，食糜在胃内停留时间很短，4小时后，胃内容物基本转移至肠道，驴一次饲喂量不应超过胃容积的2/3，且饲喂间隔不宜过长。因为驴的呕吐中枢不发达，所以不能呕吐，一次采食过多的饲料，易造成胃扩张，严重者有胃破裂的危险。因此，喂驴要定时定量和少喂勤添，注意选择疏松、易消化、便于转移、不致在胃内形成黏块而酵解产气的饲料，如精料和切碎青粗饲料拌匀饲喂，有利于驴的咀嚼消化和转移，减少消化道疾病。

驴的肠道长，容积大，饲料的消化吸收主要在肠道中进行。正常情况下，食糜在小肠接受胆汁、胰液和肠液多种消化酶的分解，营养物质被肠黏膜吸收，通过血液输往全身。但是，驴没有胆囊，胆汁稀薄，在粗大的胆管内排到小肠后，对相关的营养物消化吸收力就差，特别是对脂肪。未被消化吸收的物质，特别是纤维素被送入大肠，大肠的盲肠有着牛瘤胃的作用，是纤维素被大量的细菌、微生物发酵、分解、消化的地方，盲肠消化的纤维素可占食物总纤维素的一半，但由于它位于消化道中下段，因而对纤维素的消化利用远远

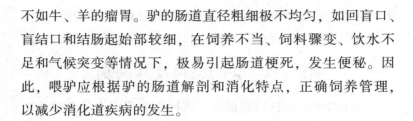

不如牛、羊的瘤胃。驴的肠道直径粗细极不均匀，如回盲口、盲结口和结肠起始部较细，在饲养不当、饲料骤变、饮水不足和气候突变等情况下，极易引起肠道梗死，发生便秘。因此，喂驴应根据驴的肠道解剖和消化特点，正确饲养管理，以减少消化道疾病的发生。

二、驴对饲料利用的特点

驴是草食动物，但其对粗饲料的利用明显低于反刍动物，具有马属动物的共性，主要有以下特点。

（1）对粗纤维的利用低，不如反刍动物。驴对纤维素的利用率与纤维的质地和含量有密切关系。纤维含量低、质地柔软的饲草，如青草、苜蓿干草、青干草等，消化利用率与牛近似；纤维素含量高、质地粗硬的饲草，如秸秆类，消化利用率低于牛。但驴比马粗纤维消化能力高30%，所以驴比马耐粗饲。

（2）对脂肪消化能力差。驴对脂肪的消化率仅相当反刍家畜的60%。所以，选择驴的饲料，应选择脂肪含量低的饲料，如用黑豆、黄豆等含油脂多的饲料喂驴，就不如先榨油，再以豆饼喂驴为好。

（3）对蛋白质的利用与反刍家畜相近。驴对不同饲料中蛋白质的利用率不同，如对玉米中的蛋白质利用率明显高于牛，对粗饲料中蛋白质的利用率略低于反刍家畜，因为反刍动物对非蛋白氮利用能力高于驴。另外，日粮中纤维素含量过高，超过30%～40%，则影响蛋白质的消化。一般驴日粮中纤维素适宜含量为 20% 左右，相同的日粮与马相比，驴消化能力要高 20% ~30% 。对幼驹和种驴应注意蛋白质的供应。

第二节　驴的饲料及其调制

用于喂驴的饲料种类很多，按饲料的营养成分含量及功能，常把饲料分为青绿饲料、粗饲料、青贮饲料、能量饲料、蛋白质饲料、矿物质饲料、维生素补充料及添加剂等多种。

一、青绿饲料

青绿饲料是指天然水分含量在 60% 以上的青绿多汁植物性饲料。其种类繁多，来源广泛，包括天然的青草、人工栽种牧草、叶菜类、作物的鲜茎叶和水生植物，如各种青草、野菜、青绿树叶、新鲜水草、苜蓿、沙打旺、萝卜叶和甘薯藤等。

● 1. 青绿饲料的一般特征 ●

颜色青绿，鲜嫩多汁，纤维素少，容易消化吸收，驴特别喜欢吃。青绿饲料不仅营养丰富，而且在日粮中加入青绿饲料后，会提高整个日粮的利用率。

青绿饲料含有矿物质。钙、磷丰富，比例适当，尤其是豆科牧草含量较高。一般秸秆、糠麸、谷实、糟渣等都缺钙，以这些饲料为主喂驴时应注意供给足够的青绿饲料。青绿饲料成本比较低，一次种植，能多次或多年利用。

● 2. 青绿饲料的营养特点 ●

（1）粗蛋白质含量高。消化率高，品质优良，生理学价

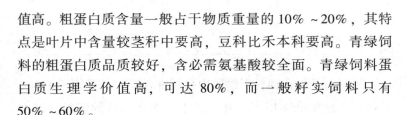

值高。粗蛋白质含量一般占干物质重量的 10% ~ 20%，其特点是叶片中含量较茎秆中要高，豆科比禾本科要高。青绿饲料的粗蛋白质品质较好，含必需氨基酸较全面。青绿饲料蛋白质生理学价值高，可达 80%，而一般籽实饲料只有 50% ~ 60%。

（2）维生素含量丰富。青绿饲料中含有大量的胡萝卜素，每千克为 50 ~ 80 毫克，高于其他饲料。此外，青绿饲料中还含有丰富的硫胺素、核黄素、烟酸等 B 族维生素，以及较多的维生素 E、维生素 C、维生素 K 等。

（3）各种青绿饲料的钙、磷含量差异较大。青绿饲料的钙含量占 0.2% ~ 2.0%，磷占 0.2% ~ 0.5%。豆科植物的钙含量较高。青绿饲料中的钙、磷多集中在叶片内，它们占干物质的百分比随着植物的成熟程度而下降。

（4）无氮浸出物含量较高，粗纤维少，容易被消化。青草的粗纤维含量约占干物质的 30%，无氮浸出物含量占 40% ~ 50%。

● 3. 青绿饲料的调制 ●

夏秋季节，除抓紧放牧外，刈割青草或青作物秸秆，铡碎后与其他干草、秸秆掺和喂驴。同时，也应尽量采收青饲料晒制干草或制作青贮饲料。青草的刈割时间对干草质量的好坏影响很大，禾本科青草应在抽穗期刈割，而豆科青草则应在初花期刈割。

二、粗饲料

粗饲料是指在饲料干物质中粗纤维含量大于或等于18%，天然水含量在60%以下，并以风干物形式饲喂的饲料。该类饲料的营养价值通常较其他类别的饲料低，其主要的化学成分是木质化和非木质化的纤维素和半纤维素，是草食动物的主要基础饲料。由于这类饲料来源广、资源丰富，营养品质因来源和种类的不同差异较大，是一类有待开发和科学合理利用的重要饲料资源。这类饲料主要包括栽培牧草干草、野干草和农作物秸秆，此外，也包括秕壳、荚壳、藤蔓和一些非常规饲料资源，如树叶类、竹笋壳、糟渣等。

● 1. 秸秆类 ●

主要是稻草、玉米秸、麦秸、豆秸、高粱秸和谷草等，这类饲料不仅营养价值低，消化率也低。

（1）稻草。稻草营养价值低于谷草，驴对稻草的消化率低于50%。据测定，稻草含粗蛋白质3%~5%，粗脂肪1%，灰分含量高，但钙、磷所占比例较小。磷含量在0.02%~0.16%，低于草食家畜生长和繁殖的营养需要。稻草中缺钙，因此在以稻草为主的日粮中应补充钙。为了提高稻草的饲用价值，除了添加矿物质和能量饲料外，常对稻草作氨化、碱化处理。

（2）玉米秸。玉米秸粉碎后才能利用，草食家畜对玉米秸粗纤维的消化率在50%~65%。玉米秸青绿时，胡萝卜素含量较高，为37毫克/千克。

（3）麦秸。麦秸的营养价值因品种、生长期而有所不同。麦秸类秸秆难以消化，是品质较差的粗饲料，其中，粗纤维含量高。从营养价值和粗蛋白质含量看，大麦秸比小麦秸好，春播小麦比秋播小麦好。荞麦秸家畜喜食，但要控制喂量。在麦秸中，燕麦秸饲用价值最高，驴对其的消化能为 8.87 千焦/千克。

（4）谷草。谷草质地柔软、干净厚实，营养丰富，容积大，其粗蛋白质含量及可消化总养分均较麦秸、稻草为高。在禾谷类秸秆中，谷草的品质最好，是驴的优良粗饲草之一。但它的缺点是钙含量少，蛋白质含量也不够高，最好能与豆科牧草，如苜蓿草、花生秧和豆荚皮等混喂，效果更好。

农副产品中，秸秆类饲草以禾本科和豆科最多。另外，还有甘薯、马铃薯、瓜类、藤蔓类、胡萝卜缨等蔬菜副产品，以及向日葵茎叶及花盘等。豆科秸秆中以花生秸为最好。秸秆类饲草优劣顺序为：花生秸，豌豆秸，大豆秸，高粱秸，荞麦秸，谷草，稻草，小麦秸。

● 2. 秕壳类 ●

秕壳类是农作物籽实脱壳后的副产品，包括谷壳、高粱壳、花生壳、豆荚、棉籽壳、秕谷以及其他脱壳副产品。一般来说荚壳的营养成分高于秸秆。

最具有代表性的豆荚是大豆荚，它是一种较好的粗饲料。豆荚含无氮浸出物 12%～15%，粗纤维 33%～40%，粗蛋白质 5%～10%，饲用价值较好，适于养驴利用。

谷类的皮壳营养价值仅次于豆荚，且数量大，来源广。棉籽壳、玉米芯等经过适当粉碎，可与其他粗饲料搭配使用，尤其是棉籽壳含少量棉酚（约0.068%），饲喂时应与青绿块根饲料配合利用。

● 3. 粗饲料的营养特点 ●

（1）粗纤维含量高，无氮浸出物难消化。干草的粗纤维含量为25%～30%，秸秆秕壳类也达25%～30%。粗纤维中含有较多的木质素，很难被消化。在粗饲料中，特别是秸秆秕壳的无氮浸出物中缺乏淀粉和糖，主要是半纤维以及戊糖的可溶部分，因此消化率低。

（2）各种粗饲料的蛋白含量差异很大。豆科干草含粗蛋白质为10%～19%，禾本科干草为6%～10%，禾本科秸秆、秕壳仅为3%～5%。秸秆、秕壳中的粗蛋白质很难被消化。

（3）含钙量高，含磷量低。

（4）维生素D含量丰富，其他维生素较少。优质干草中含有较多的胡萝卜素。各种粗饲料，特别是日晒后的豆科干草，含有大量的维生素D_2。

● 4. 粗饲料的加工调制 ●

粗饲料经适当加工调制处理，可以改变原来的理化特性，提高其适口性和营养价值。目前，粗饲料加工调制的主要途径有物理学、化学和微生物学处理3种。

（1）物理加工。物理加工通常是把粗饲料切短、粉碎、揉碎、浸湿或蒸煮软化等，以提高其适口性和利用率的方法，目前较实用的处理方法有如下4种。

①切碎。用铡草机将粗饲料切短至1～2厘米直接喂驴。稻草较柔软，可稍长些；玉米秸较粗硬且有结节，以1厘米

左右为宜。

②盐化。将切碎的秸秆用1%食盐水浸湿软化，以提高适口性，增加采食量。

③制粒。将秸秆或优质干草粉碎后制成大小适中、质地硬脆、适口性好、浪费减少的颗粒饲料。

④揉碎。使用揉搓机将秸秆搓成丝条状直接喂驴，尤其适用于玉米秸的揉碎。此法不仅可提高适口性，也可提高饲料利用率，是目前秸秆饲料利用比较理想的加工方法。

（2）化学处理。化学处理是利用酸碱等化学物质对粗饲料进行处理，分解出纤维素和木质素中部分营养物质，以提高其饲养价值。常用方法主要有碱化法及氨化法。

①碱化法。利用强碱氢氧化钠（NaOH）处理秸秆，破坏植物细胞壁及纤维结构，以提高其消化率。用 NaOH 碱化处理秸秆有喷雾与浸泡两种方式。喷雾方式是以 NaOH 占处理秸秆干物重的4% ~5%量，配制成30% ~40%的溶液，均匀喷在粉碎的秸秆上，堆放数日，不用冲洗直接饲喂，可提高有机物消化率12% ~20%。浸泡方式是将秸秆浸入1.5%的 NaOH 液中24小时，取出用水冲掉碱液再喂家畜，有机物消化率可提高25%，该法用水量大，许多有机物被冲掉，且污染环境。

②氨化法　指利用氨源（液氨、尿素和碳酸氢铵等）化学处理粗饲料的方法。常用方法见表5-1。

表 5 - 1　氨化处理粗饲料的方法

氨　源	处理方法	条　件
氨水或 无水氨	(1) 将原料垛成方形或圆形，用聚乙烯薄膜盖严，注入氨	按干物质计，加入 3% ~ 3.5% 氨，原料水分 15% ~ 20%，在 5 ~ 15℃条件下处理 1 ~ 8 周
氨水或 无水氨	(2) 将草捆装入聚乙烯塑料袋中，分别用氨处理	按干物质计，加入 3% ~ 3.5% 氨，原料水分 15% ~ 20%，在 5 ~ 15℃条件下处理 1 ~ 8 周
无水氨	(1) 在密封箱或室中进行，无需加热	温度 90℃，3% ~ 3.5% 氨化处理 17 小时，静置 5 小时，换入新鲜空气
无水氨	(2) 在氨化炉内进行，加热	温度 90℃，3% ~ 3.5% 氨化处理 17 小时，静置 5 小时，换入新鲜空气
尿素	(1) 将原料青贮在土坑、青贮窖或成堆青贮	5% 尿素水溶液与原料按 1∶1 混合，大于 20℃温度下青贮 1 周以上
尿素	(2) 将原料切短或磨细，加入尿素后制粒	2% ~ 3% 的尿素液，温度不低于 33℃，原料水分 15% ~ 20%
碳酸铵或碳酸氢铵	按尿素处理 (1) 方法进行，用量为秸秆重的 10% ~ 12%	温度 60 ~ 110℃

　　该方法能明显提高秸秆的消化率和粗蛋白质水平，改善适口性，对环境也无污染。

　　(3) 微生物处理。微生物处理是利用某些有益微生物，在适宜培养的条件下，分解秸秆中难以被驴消化利用的纤维素或木质素，并增加菌体蛋白、微生物等有益物质，软化秸秆，改善适口性，从而提高粗饲料的营养价值。

　　生物酶处理秸秆是秸秆处理的最佳方式。我国目前在这一方面的研究虽然已经取得了很大进展，但还有许多问题尚待解决和完善。

三、青贮饲料

青贮饲料是把新鲜的青饲料切短装入密封容器内，经微生物的发酵作用，制成一种具有特殊芳香气味、营养丰富的多汁饲料。青贮饲料质地柔嫩，香酸适口，易消化，易保存。

● 1. 青贮饲料的特点 ●

（1）能保存青绿饲料的绝大部分养分。据试验，干草在调制过程中，养分损失达 20% ~ 40%。而调制青贮料，干物质仅损失 0% ~ 15%，可消化蛋白质仅损失 5% ~ 12%。特别是胡萝卜素保存率，青贮比其他任何方法均高。

（2）延长青饲季节。我国西北、东北、华北各地区，青饲季节不足半年，冬、春季节缺乏青绿饲料。而采用青贮的方法可以做到青饲料四季均衡供应，保证了草食家畜饲养业的优质高产和稳定发展。

（3）适口性好，易消化。青贮料不仅营养丰富，而且气味芳香，柔软多汁，适口性好，且有刺激家畜消化腺分泌和提高饲料消化率的作用。因此，可视为家畜的保健性饲料。

（4）调制方便，耐久藏。青贮料调制简便，不太受气候条件限制。取用方便，随用随取，青贮料制成后，若当年用不完，只要不漏气，可保存数年不变质。

（5）扩大饲料资源。

（6）利于消灭作物害虫及田间杂草。青贮过程的压力、温度和酸度可杀死农作物害虫及其卵，并使杂草种子失去发芽力。

● 2. 青贮原理 ●

利用乳酸菌对原料进行厌氧发酵，产生乳酸。当酸度降到 pH 值为 4.0 左右时，包括乳酸菌在内的所有微生物停止活动，且原料养分不再继续分解或消耗，从而长期将原料保存下来。从青贮原料刈割到青贮完成的整个过程可分为三个阶段。

（1）青贮原料装填镇压并封闭后，由于植物细胞的呼吸作用，以及重压后水分渗出，以至原料的温度上升。在镇压良好、水分适当时，其温度在 20 ~ 30℃。此时，通过好气性细菌及霉菌等的作用产生醋酸。此阶段越短对青贮料越有利。

（2）由于氧气不断消耗直至耗尽，青贮原料好气菌逐渐停止活动。而后在厌气性乳酸菌的作用下，糖类酵解产生乳酸，发酵过程开始。

（3）乳酸菌迅速繁殖，形成大量乳酸，使腐败菌和丁酸菌等受到抑制，随后乳酸菌的繁殖亦被自身产生的大量乳酸所抑制，青贮原料转入稳定状态，故可长期保存而不腐败。

青贮饲料在密封 1 个月后（气温过低和豆科草等含糖低的原料可能要延迟到 2 个月后）就可以取用饲喂，取用的原则是每日连续由表层均匀取用，取后要将原设备中青贮饲料用塑料膜覆盖，避免过多地与空气接触和落入雨雪，取出运回驴舍的青贮饲料要堆放在冷凉处，青贮饲料最好当次或当日喂完。当驴由青贮堆自由采食时，要设栅栏架并及时清除脏污和霉变的青贮饲料。

● 3. 青贮对原料的要求 ●

（1）含适量的碳水化合物。青贮原料的含糖量不应少于

1.0%～1.5%。满足这一条件的青玉米秆、青高粱秆、甘薯蔓等青绿多汁类秸秆资源做青贮原料较好。而含蛋白质较多、碳水化合物较少的青绿豆秸等青贮时须添加5%～10%的能量饲料（如玉米粉），以保证青贮饲料的品质。

（2）适宜的水分。一般讲青贮原料含水量应在65%～75%，原料粗老时不宜青贮。若要青贮，需加水使水分含量提高至78%～82%。

（3）切短。青贮原料应切短至2～5厘米。

（4）适时收割。为保证青贮饲料的品质及从单位面积上获得最大营养物质产量，收割的一般要求是宁早勿迟，并随收随贮。常用不同秸秆类青贮原料适宜收割期见表5-2。

表5-2　常用不同秸秆类青贮饲料适宜收割期

原料种类	收割适期
整株玉米（带果穗）	蜡熟期收割。如有霜害，也可在乳熟期收割
收果穗后玉米秸	玉米果穗成熟、玉米秸秆下部仅有1～2片叶枯黄时立即收割青贮；或玉米成熟时削尖（割头）青贮，削尖时应注意在果穗上部保留一张叶片
甘薯藤、马铃薯茎叶	霜前或收薯前1～2天

四、能量饲料

能量饲料是指干物质中粗纤维低于18%，粗蛋白低于20%，每千克饲料干物质中含有10.46MJ以上消化能的饲料，包括谷实类、糠麸类、脱水块根、块茎及其加工副产品，动植物油脂以及乳清粉等饲料。能量饲料在动物日粮中所占的比例最大，一般为 50% ~ 70%，主要起供能作用。

● 1. 谷实类能量饲料的营养特点 ●

谷实类饲料是指禾本科作物的籽实，主要包括玉米、小麦、稻谷、大麦、高粱和燕麦等。其主要营养特点如下。

（1）无氮浸出物含量丰富，一般在 70% 以上。

（2）纤维含量少，一般在 5% 以下，但带颖壳的大麦、燕麦、水稻和粟可达 10% 左右。

（3）粗蛋白质含量低，一般低于 10%，但也有一些谷实如大麦、小麦等达到或超过 12%；蛋白质的品质也较差，因含赖氨酸、蛋氨酸、色氨酸等的含量较少。

（4）矿物质含量中，钙少磷多，但磷多以植酸盐形式存在，对单胃动物的有效性差。

（5）维生素 E、维生素 B_1 含量较丰富，但维生素 C、维生素 D 贫乏。

谷实类能量饲料适口性好，消化率高，是动物最主要的能量饲料。

● 2. 谷实类能量饲料的调制 ●

（1）磨碎与压扁。禾谷类籽实饲料，经磨碎或压扁后采食，易被消化酶和微生物作用，从而提高驴对这类饲料的消化率及驴的增重速度。

（2）湿润。对磨碎或粉碎的能量饲料，喂驴前应尽可能湿润一下，以防饲料中粉尘过多，影响驴的采食和消化。同时对预防粉尘呛入气管而造成的呼吸道疾病也有好处。

（3）发芽。禾谷类籽实饲料大多缺乏维生素，但经发芽后可成为良好的维生素补充料。芽长在 0.5～1.0 厘米时富含 B 族维生素和维生素 E；芽长在 6～8 厘米时，特别富有胡萝卜素，同时还有维生素 B_2 和维生素 C 等。最常用于发芽的有大麦、青稞、燕麦和谷子等。

（4）制粒。即将饲料粉碎后，根据驴的营养需要，按一定的饲料配合比例搭配，充分混合，压制成直径 4～5 毫米，长 10～15 毫米的颗粒形状。颗粒饲料属全价配合饲料的一种，可以直接用来喂驴。

● 3. 糠麸类能量饲料 ●

谷实经加工后形成的一些副产品，即为糠麸类，包括米糠、小麦麸、大麦麸、玉米糠、高粱糠、谷糠等。糠麸成分不仅受原粮种类影响，而且还受原粮加工方法和精度影响。与原粮相比，糠麸中粗蛋白质、粗纤维、B 族维生素、矿物质等含量较高，但无氮浸出物含量低，故属于一类有效能较低的饲料。另外，糠麸结构疏松、体积大、容重小、吸水膨胀性强，其中多数对动物有一定的轻泻作用。

五、蛋白质饲料

干物质中粗蛋白质含量大于或等于 20%，粗纤维含量低于 18% 的饲料称之为蛋白质饲料。肉驴生产中常用的蛋白质饲料主要包括植物性蛋白质饲料和动物性蛋白质饲料，另外，蛋白质饲料还包括单细胞蛋白质饲料和非蛋白氮饲料。

● 1. 植物性蛋白质饲料特点 ●

植物性蛋白质饲料包括豆类籽实、饼粕类和其他植物性蛋白质饲料（如玉米蛋白粉和干全酒糟等），其特点主要有以下几点。

（1）蛋白质含量高，且质量好。一般植物性蛋白质饲料粗蛋白质含量在 20% ~ 50%，蛋白质利用率是谷类的 1 ~ 3 倍。但其消化率不高，一般仅有 80% 左右，经适当的加工调制，可提高蛋白质的利用率。

（2）粗脂肪含量变化大。

（3）粗纤维含量一般不高，基本与谷类籽实近似，饼粕类稍高些。

（4）矿物质中钙少磷多，且主要是植酸磷。

（5）维生素含量与谷实类相似，B 族维生素较丰富，而维生素 A、维生素 D 较缺乏。

（6）大多数含有一些抗营养因子，影响其饲用价值。

● **2. 植物性蛋白质饲料的加工调制** ●

豆科及禾本科籽实喂前合理加工调制，可提高其营养价值及消化率。

（1）焙炒或烘烤。焙炒或烘烤可以破坏豆科籽实中的抗胰蛋白酶，提高适口性及蛋白质的消化率和利用率。

（2）破碎与压扁。豆科籽实经压扁或破碎后易与禾本科谷实及粗饲料混匀，可提高驴对粗饲料的采食量。

（3）浸泡。豆类、饼粕类浸泡后膨胀柔软，容易咀嚼，便于消化。在实际使用时也可将几种调制方法结合起来，以更好地利用蛋白质饲料。

（4）膨化。在粒状、粉状及混合物料中添加适量水分或蒸汽，并于 100 ~ 107℃ 高温及（2 ~ 10）× 10⁶ 帕高压下，迫使其连续射出的物料体积骤然膨胀，水分快速蒸发，由此膨化成多孔状饲料。膨化大豆可替代部分饼粕，效果很好。

（5）饼粕类饲料的脱毒。常用的脱毒方法有下面几种。

①土法榨棉籽饼加 3 倍水煮沸 1 小时即可喂驴，成年驴每天每头可喂 0.5～1.0 千克。

②棉籽饼在 80～85℃下加热 6～8 小时，或发酵 5～7 天，或每 100 千克棉籽饼加硫酸亚铁 1 千克，均可达到脱毒的目的。

③采用坑埋法消除菜籽饼毒性。坑宽 0.8 米，深 0.7～1.0 米，饼渣∶水为 1∶1，坑埋 60 天，脱毒率达 84% 以上。

④将亚麻仁饼在开水中煮 10 分钟，可破坏亚麻仁饼中亚麻酶，防止采食亚麻仁饼的驴中毒。

●3. 动物性蛋白质饲料特点 ●

动物性蛋白质饲料主要指由水产类或其加工副产品、畜禽加工和乳品业副产品等调制成的蛋白质饲料。其主要的营养特点有以下几个。

（1）蛋白质含量高（40%～85%），氨基酸组成比较平衡，并含有促进动物生长的动物性蛋白因子。

（2）碳水化合物含量低，不含粗纤维。

（3）粗灰分含量高，钙、磷含量高，比例适宜。

（4）维生素含量丰富，特别是维生素 B_2 和维生素 B_{12}。

（5）脂肪含量较高，虽然能值高，但脂肪易氧化酸败，不宜长时间贮藏。

肉驴常用的动物性蛋白质饲料主要是鱼粉。

六、矿物质饲料

矿物质是构成动物体组织、维持正常的生命活动和生产畜产品不可缺少的重要物质，具有调节体内渗透压，保持体液酸碱平衡，维持神经、肌肉正常兴奋性等作用。矿物质饲料是指可供饲用的天然的、化学合成的或经特殊加工的无机饲料原料或矿物质元素的有机络合物原料。如食盐、碳酸氢钠、石粉、贝壳粉、磷酸氢钙、硫酸钠、硫酸钾、硫酸镁、氯化钾、氯化镁等，这些都是常量元素钙、磷、钠、钾、硫、镁和氯等元素的原料；铜、铁、镍、锰的硫酸盐、碘化钾、亚硒酸钠、氯化钴等是提供相应微量元素的原料。

矿物质饲料应用时应注意的问题有以下几个

（1）矿物质饲料在日粮中添加量（比例）很小，但作用大，如混合不匀，容易造成不良后果，甚至中毒，尤其是微量元素，如硒、碘、钴等。

对于微量元素必须在用前将其原料稀释后达到安全量时再用，一般像亚硒酸钠要稀释成1%后，再按需要量去添加（需多次稀释），否则混合不匀，容易出问题。在选择载体时，也要选择比重相近、稳定性好的无机物，如沸石等。

（2）注意不同矿物质元素之间的拮抗和协同作用，以及合理使用时的搭配比例。

如钙、磷比例为（1～2）：1时，吸收利用率最高。常用喂驴的谷类籽实和糠麸类饲料，一般都是钙少磷多，致使日粮中钙、磷比例不符合驴的消化生理要求，需要补充含钙

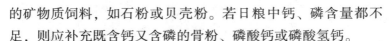

的矿物质饲料，如石粉或贝壳粉。若日粮中钙、磷含量都不足，则应补充既含钙又含磷的骨粉、磷酸钙或磷酸氢钙。

（3）注意补充食盐，驴为草食家畜，其摄入的钠和氯远不能满足需要，相反摄入的钾相当多。补充食盐，既可满足钠和氯的需要，又可满足机体对矿物质平衡的要求，还可增强饲料的适口性，刺激食欲，提高饲料的利用率。在缺碘地区，以碘盐形式补给。驴的盐喂量，可占精饲料的 1%，或每头每天喂 20 ~ 30 克。

七、维生素饲料

维生素饲料是指由工业合成或提取的单一或复合维生素制剂。由于驴可从青饲料和粗饲料中摄取多种维生素，又经常接受日光照射，故一般不会缺乏维生素。对于长期饲喂秸秆类饲料的种驴应注意维生素缺乏，尤其在早春季节。

八、饲料添加剂

为了满足肉驴的营养需要、完善日粮的营养、提高饲料的利用率、促进肉驴生长发育、预防疾病、减少饲料贮藏期营养物质的损失以及改善产品品质，而在日粮中添加的一类物质，称为饲料添加剂。

饲料添加剂分为两大类，一类为营养性的；另一类为非营养性的。营养性的添加剂有维生素、微量元素、氨基酸与小肽和非蛋白氮等。非营养性的添加剂有生长促进剂、驱虫保健剂、饲料调制剂、饲料贮藏剂和中草药或天然植物提取物等。

第三节　肉驴的营养需要与饲养标准

一、营养需要

营养需要是指动物在最适宜环境条件下，正常、健康生长或达到理想生产成绩时对各种营养物质种类和数量的最低要求。营养需要是一个群体平均值，不包括一切可能增加需要量而设定的保险系数。营养需要中规定的营养物质定额一般不适宜直接在动物生产中应用，常要根据不同的具体条件，适当考虑一定程度保险系数。其主要原因是实际动物生产的环境条件一般难达到制订营养需要所规定的条件要求。因此，应用营养需要中的定额时，认真考虑保险系数十分重要。营养需要包括维持营养需要和生产营养需要两大部分。

驴的维持营养需要，是指驴不从事任何生产，体重不增不减，只维持其正常的生命活动，即维持正常体温、心跳、呼吸、消化和神经活动等生理机能和必要的起、卧、站和走时的肌肉活动所需要的热能。此外，还要补充组织更新，如毛、蹄的正常生长所消耗的蛋白质、矿物质和维生素。这是驴所必需的最低营养需要，若不能满足，驴就会表现消瘦，掉膘，健康恶化。只有在这种最低营养需要得到满足后，剩余的那部分营养才被驴用于生产。所以为了保证驴的生长发育、繁殖、增重以及使役，还需要另一部分能量和营养物质，这部分需要就叫生产营养需要。在一定限度内，喂给的饲料营养超过维持营养需要的部分越大，其生产效果就越好；反之，超过维持营养需要的营养部分越小，其生产效果也越小，当喂给的饲料不能满足其生产需要，而又迫使其增加使役量时，它们只好以消耗自身组织来维持其生产营养需要。如农忙季节，驴的身体消瘦、膘情下降就是供给饲料的营养满足不了其生产需要。但在农忙后又从饲料中获取足够的营养，体质又可恢复。生产营养需要通常是按其生产目的和生产水平分别计算而确定的。例如，按肉驴的日增重多少、役驴的作业强度、种公驴的配种次数、每次射精量、妊娠母驴胎儿的日增重和哺乳母驴的日泌乳量、乳汁成分等分别计算而确定其生产营养需要。

二、饲养标准

饲养标准是根据大量饲养实验结果和动物生产实践的经验总结，对各种特定动物所需要的各种营养物质的定额作出的规定，这种系统的营养定额及有关资料统称为饲养标准。饲养标准所规定的营养定额，是动物最低营养需要量附加安全系数后的计算值，营养供应量要高于营养需要量。

饲养标准并不是一成不变的，在实际采用饲养标准时，必须根据具体情况调整营养定额，认真考虑保险系数，才能保证对动物经济有效的供给，才能更有效地指导生产实践。

目前，还没有制定出驴的专用饲养标准。根据驴采食慢、咀嚼细、采食量小，对饲料能量、消化率分别比马高 20%、10% 的特点，参考美国国家科学委员会（NRC）1978 年公布的家马和小型马饲养标准，分别降低 20% ~ 10% 作为我国 200 千克左右的中型驴的饲养参考标准，见表 5 - 3 和表 5 - 4。对于其他大型驴或小型驴，除可参考以上 2 个表外，主要按 "驴以 90% 干物质为基础的日粮组成中，精、粗饲料和各种营养成分比例" 配制日粮，详见表 5 - 5。

表 5 - 3 生长期的驴，成年体重 200 千克营养需要量

体重（千克）	每日采食量干物质			每千克日粮干物质中含量或百分率							日增重（千克）
	每匹（千克）	占体重（%）	消化能（兆焦）	TDN（%）	粗蛋白质（%）	可消化粗蛋白质（%）	钙（%）	磷（%）	胡萝卜素（毫克）	维生素A（国际单位）	
50（3月龄）	2.94	5.9	11.51	62.4	17.9	13.0	0.59	0.37	1.70	680	0.70
90（6月龄）	3.10	3.4	11.51	62.4	14.9	10.2	0.53	0.34	2.90	1 160	0.50
135（12月龄）	2.89	2.1	11.51	62.4	11.7	7.1	0.41	0.25	4.68	1 870	0.20
200（42月龄）	3.00	1.5	11.51	62.4	10.0	5.3	0.29	0.20	4.18	1 670	0

注：摘自汤逸人编《英汉畜牧科技词典》

表 5 - 4 成年驴体重 200 千克驴的营养需要

项　目	体重（千克）	日增重（千克）	日干物质采食量（千克）	消化能（兆焦）	可消化粗蛋白质（克）	钙（克）	磷（克）	胡萝卜素（毫克）
成年驴维持需要	200		3.0	27.63	112.0	7.2	4.8	10.0
母驴妊娠90天		0.27	3.0	30.89	160.0	11.2	7.2	20.0
母驴泌乳前3个月			4.2	48.81	432.0	19.2	12.8	26.0
母驴泌乳后3个月			4.0	43.49	272.0	16.0	10.4	22.0
驴驹（哺乳）3月龄	60	0.7	1.8	24.61	304.0	14.4	8.8	4.8
除母乳外需要			1.0	12.52	160.0	8.0	5.6	7.6

（续表）

项　目	体重 （千克）	日增重 （千克）	日干物质 采食量 （千克）	消化能 （兆焦）	可消化粗 蛋白质 （克）	钙 （克）	磷 （克）	胡萝卜素 （毫克）
断奶驹（6个月）		0.5	2.3	29.47	248.0	15.2	11.2	11.0
1岁	140	0.2	2.4	27.29	160.0	9.6	7.2	12.4
1.5岁	170	0.1	2.5	27.13	136.0	8.8	5.6	11.0
2岁	185	0.05	2.6	27.13	120.0	8.8	5.6	12.4
成年驴：轻役	200		3.4	34.95	112.0	7.2	4.8	10.0
成年驴：中役	200		3.4	44.08	112.0	7.2	4.8	10.0
成年驴：重役	200		3.4	53.16	112.0	7.2	4.8	10.0

注：①每头每天10～20克食盐。②本表引自侯文通、侯宝申编著《驴的养殖与肉用》

表5－5　驴以90％干物质为基础的日粮养分组成

项　目		粗饲料 占日粮 （％）	每千克日粮 含消化能 （兆焦）	可消化 粗蛋白质 （％）	钙 （％）	磷 （％）	胡萝卜素 （毫克）
成年驴维持日粮		90～100	8.37	7.7	0.27	0.18	3.7
妊娠末90天		65～75	11.51	10.0	0.45	0.30	7.5
泌乳前3个月		45～55	10.88	12.5	0.45	0.30	6.3
泌乳后3个月		60～70	9.63	11.0	0.40	0.25	5.5
幼驴驹补料			13.19	16.0	0.80	0.55	
3月龄驴驹补料		20～25	12.14	16.0	0.80	0.55	4.5
6月龄断奶驹		30～35	11.72	14.5	0.60	0.45	4.5
1岁驴驹		45～55	10.88	12.0	0.50	0.35	4.5
1.5岁驴驹		60～70	9.63	10.0	0.40	0.30	3.7
成年驴	轻役	65～75	9.42	7.7	0.27	0.18	3.7
	中役	40～50	10.88	7.7	0.27	0.18	3.7
	重役	30～35	11.72	7.7	0.27	0.18	3.7

注：①食盐每头每天15～20克。②此表引自侯文通、侯宝申编著《肉驴的养殖与肉用》

第四节　肉驴的日粮配合技术

　　日粮是指一头驴在一昼夜内所采食各种饲料的总量。日粮配合的目的是将一些饲料互相搭配，使日粮中各种营养物质的种类、数量及其相互比例能满足驴的营养需要。凡能全面满足驴生活、生长、使役、繁殖等营养需要的日粮叫全价日粮。只有配合出合理日粮，才能做到科学饲养，提高经济效益。

一、日粮配合的原则

　　（1）以饲养标准为基础，结合实际情况，灵活应用，适当调整。

　　（2）饲料组成要符合驴的消化生理特点，以粗饲料为主，适当搭配精料，以满足其营养需要，健康生长。

　　（3）饲料搭配要多样化，使各种饲料的营养物质的互补，提高利用率。

　　（4）根据当地的饲料资源情况，选用廉价、易得的秸秆和农副产品，降低成本。

　　（5）饲料种类要保持相对的稳定性，避免突然或经常变换饲料原料，引起消化疾病。

　　（6）注意日粮的适口性和消化率，使驴既爱吃，又能满足营养需求，以提高生产效益。

　　（7）选择饲料原料注意安全，防止饲料发霉变质或被污染的有毒饲料原料。

二、日粮配合的步骤

（1）根据驴的性别、年龄、体重和生产性能查出相应的饲养标准。

（2）确定所用原料种类。

（3）根据原料的数量、质量和价格等，确定或限制一些原料的用量。用量较多的原料玉米、燕麦和豆粕等可不限量，其他原料的用量尽可能的加以限制，以便以后的计算。矿物质总用量（主要指骨粉、石粉和食盐）可控制在 1%～2%。小麦麸适口性好，具有蓬松和适度的轻泻作用，一般占日粮的 5%～20%。鱼粉价格较高，一般用量有限。大麦单独饲喂可引起马属动物的急性腹痛，应与其他原料搭配并限制用量。亚麻籽粉加热处理后喂驴毛色光亮，可少量饲喂。另外，注意肉驴赖氨酸的供给，特别是在日粮中使用含赖氨酸量少的原料较多时，如玉米、向日葵粉等。

（4）初拟配方。只考虑能量或粗蛋白质的需要而建立配方。

（5）在初拟配方的基础上，进一步调整钙、磷、氨基酸的含量　首先用含磷较高的饲料（骨粉、脱氟磷酸钙）调整磷的含量，再用不含磷的钙（石粉、贝壳粉）调整钙的含量。

（6）主要矿物质饲料的用量确定后，再调整初拟配方的百分含量。

（7）最后补加（不考虑饲料的百分数）微量元素和多种维生素。

三、日粮配合举例

驴驹年龄 1.5 岁，体重 170 千克，预计日增重为 0.1 千克，为其设计日粮配方。步骤如下。

● 1. 查饲养标准 ●

根据驴驹的年龄、体重和日增重查饲养标准表 5 - 4 获得该驴的饲养标准见表 5 - 6。

表 5 - 6　驴的饲养标准

项目	体重（千克）	日增重（千克）	干物质采食量（千克）	消化能（兆焦）	可消化粗蛋白质（克）	钙（克）	磷（克）	胡萝卜素（毫克）
标准	170	0.1	2.5	27.13	136	8.8	5.6	11.0

● 2. 选用饲料原料 ●

假如可以选用的饲料原料有苜蓿干草、玉米秸、谷草、玉米、麦麸、大豆饼、磷酸氢钙、石粉、食盐及添加剂等。

● 3. 查所选各种饲料原料的营养物质含量 ●

由附表驴常用饲料及其营养价值表查出所选各原料营养价值见表 5 - 7。

表 5 - 7　选用原料饲料营养价值表

饲料	干物质（%）	消化能（兆焦）	可消化粗蛋白质（%）	可消化粗蛋白质（克）	钙（%）	钙（克）	磷（%）	磷（克）	胡萝卜素（毫克）
苜蓿干草	91.1	5.57	12.7	127.26	1.70	17.40	0.22	2.20	45.0

（续表）

饲　料	干物质	消化能	可消化粗蛋白质		钙		磷		胡萝卜素
	（%）	（兆焦）	（%）	（克）	（%）	（克）	（%）	（克）	（毫克）
玉米秸	79.4	3.77	1.7	17.00	0.80	8.20	0.50	5.00	5.00
谷草	86.5	4.10	1.2	11.95	0.40	3.50	0.20	1.80	2.0
玉米	88.4	16.28	6.33	63.30	0.09	0.90	0.24	2.40	4.7
麦麸	86.5	8.87	14.00	140.43	0.13	1.30	1.00	0.07	4.0
大豆饼	86.5	13.98	38.9	389.87	0.50	4.90	0.78	7.80	0.2
磷酸氢钙（风干）					23.2	232.0	18.6	186	
石灰石粉	92.1				33.89	338.9			

● 4. 初拟配方 ●

　　第一步，初拟配方时，只考虑满足能量和粗蛋白质的需要，初步确定各原料的比例。在初步确定各原料所占的比例时，为了最后日粮平衡的需要，一般为矿物质饲料和维生素补充料预留 1% ~ 2%。本例预留 1% 的比例。初步确定各原料所用比例及其能量和蛋白质含量见表 5 – 8。

表 5 – 8　初拟配方的能量和蛋白质营养含量

原料	干物质比例（%）	干物质采食量（千克）	风干物采食量（千克）	消化能（兆焦）	可消化粗蛋白质（克）
苜蓿干草	2	2.5×2%＝0.05	0.05÷0.911≈0.06	0.33	7.64
玉米秸	24	2.5×24%＝0.6	0.6÷0.794≈0.76	2.87	12.92
谷草	22	2.5×22%＝0.55	0.55÷0.865≈0.64	2.62	7.65
玉米	44	2.5×44%＝1.1	1.1÷0.884≈1.24	20.19	78.49
麦麸	2	2.5×2%＝0.05	0.05÷0.865≈0.06	0.53	8.43

（续表）

原料	干物质比例（%）	干物质采食量（千克）	风干物采食量（千克）	消化能（兆焦）	可消化粗蛋白质（克）
大豆饼	5	2.5×5%=0.125	0.125÷0.865≈0.15	2.10	58.48
预留	1	2.5×1%=0.025			
合计	100	2.5		28.64	173.61
标准	100	2.5		27.13	136
盈亏	0	0		+1.51	+37.61

注：表中各原料的比例是根据其营养特性、产地来源、价格和驴的消化生理特点人为确定的，其是否合理，应根据后续配出的配方各营养物质是否平衡，尤其该配方在实际应用中的效果进行判断

第二步，基本调平配方中能量和蛋白质的需要。从表5-9可以看出，消化能和可消化粗蛋白质都已超过了标准，但可消化粗蛋白质超出较多，应调低蛋白质含量多的原料用量，同时调高蛋白质含量低，而能量不能太低的原料，使配方的消化能和可消化粗蛋白质基本与标准相符。经分析大豆饼下调3%，谷草上调3%，基本与标准相符，如果相差太大可再进行调整，直到与标准基本相符为止。初调后配方的能量和蛋白质营养含量见表5-9。

表5-9　初调后配方的能量和蛋白质营养含量

原料	干物质比例（%）	干物质采食量（千克）	风干物采食量（千克）	消化能（兆焦）	可消化粗蛋白质（克）
苜蓿干草	2	2.5×2%=0.05	0.05÷0.911≈0.06	0.33	7.64
玉米秸	24	2.5×24%=0.6	0.6÷0.794≈0.76	2.87	12.92
谷草	25	2.5×25%=0.625	0.625÷0.865≈0.72	2.95	8.60

（续表）

原 料	干物质比例（%）	干物质采食量（千克）	风干物采食量（千克）	消化能（兆焦）	可消化粗蛋白质（克）
玉米	44	2.5×44%=1.1	1.1÷0.884≈1.24	20.19	78.49
麦麸	2	2.5×2%=0.05	0.05÷0.865≈0.06	0.53	8.43
大豆饼	2	2.5×2%=0.05	0.05÷0.865≈0.06	0.84	23.39
预留	1	2.5×1%=0.025			
合计	100	2.5		27.74	139.47
标准	100	2.5		27.13	136
盈亏	0	0		+0.61	+3.47

● 5. 计算磷、钙、盐、胡萝卜素的添加量 ●

初调配方各营养物质含量见表 5－10，由表 5－10 可以看出矿物元素钙和磷不需要再添加磷酸氢钙和石粉就可满足需要。

食盐添加量一般 15～20 克，本配方添加 18 克，根据不同饲料和不同季节，需调整盐量。这只是个参考范围数。

一般饲料中维生素含量不计算在内，所以日粮中应添加 11 毫克的胡萝卜素。胡萝卜素转化为维生素 A，由预留的剩余量的量 0.025 千克－0.018 千克（食盐的添加量）＝0.007 千克中部分补充。

表 5-10　初调后配方各营养物质的含量

原料	干物质比例（%）	干物质采食量（千克）	风干物采食量（千克）	消化能（兆焦）	可消化粗蛋白质（克）	钙（克）	磷（克）	胡萝卜素（毫克）
苜蓿干草	2	0.05	0.06	0.33	7.64	1.04	0.13	—
玉米秸	24	0.6	0.76	2.87	12.92	6.23	3.8	—
谷草	25	0.625	0.72	2.95	8.60	2.52	1.30	—
玉米	44	1.1	1.24	20.19	78.49	1.12	2.98	—
麦麸	2	0.05	0.06	0.53	8.43	0.08	0.06	—
大豆饼	2	0.05	0.06	0.84	23.39	0.29	0.47	—
食盐	—	—	0.018	—	—	—	—	—
维生素添加剂	—	—	0.007	—	—	—	—	—
合计	100	2.5	—	27.74	139.47	11.28	8.74	0
标准	100	2.5	—	27.13	136	8.8	5.6	11.0
盈亏	0	0	—	+0.61	+3.47	+2.48	+3.14	-11.0

● 6. 日粮组成及配方 ●

见表 5-11。

表 5-11　日粮组成及配方表

原料		风干物采食量（千克）	日粮配方（%）	精料补充料		粗饲料	
				原料数	配方（%）	原料数	配方（%）
粗饲料	苜蓿干草	0.06	2.05			2.05	3.89
	玉米秸	0.76	25.98	52.65		25.98	49.35
	谷草	0.72	24.62			24.62	46.76

（续表）

原　料		风干物采食量（千克）	日粮配方（%）	精料补充料		粗饲料	
				原料数	配方（%）	原料数	配方（%）
精饲料	玉米	1.24	42.39	42.39	89.52		
	麦麸	0.06	2.05	2.05	4.33		
	大豆饼	0.06	2.05	2.05	4.33		
	食盐	0.018	0.62	0.62	1.31		
	维生素添加剂	0.007	0.24	0.24	0.51		
合计		2.925	100	47.35	100	52.65	100

（日粮配方列精饲料合计为 47.35）

● 7. 日粮分析 ●

该日粮各营养物质含量基本上满足 170 千克体重的 1.5 岁生长驴每日增重 0.1 千克的营养需要。但应注意以下问题：

（1）日粮的精料比例偏高（粗：精料比为 53∶47），具体使用时应注意驴是否适应。

（2）矿物质元素中，钙的含量有点少（钙和磷的比例为 1.3∶1），如需完善可适当调低磷的含量（钙和磷的含量都能达到标准，但磷超出更多，钙磷比例不协调），也可适当提高钙的含量。

（3）应用该日粮组方饲喂驴时，首先将粗饲料（即苜蓿干草、玉米秸和谷草）按表 5－12 组方铡短混匀，然后按日需要量以 52.65% 的比例与 47.35% 精料补充料混成日粮喂驴。

四、肉驴育肥配方

目前，我国肉驴饲养没有明确的标准，各地肉驴育肥配方大都是经验配方，下面介绍的肉驴精料补充料参考配方占日粮的30%，具体效果要通过生产实践验证。由于各地饲草资源、气候条件以及驴本身体况不同，下面介绍的配方仅供参考。

● 1. 1.5 岁生长肉驴精料补充料参考配方 ●

见表 5 – 12。

表 5 – 12   一岁半生长肉驴精料补充料参考配方

原料＼料号	肉驴精料补充料参考配方（%）				
	1	2	3	4	5
玉米	57.18	67.0	67.0	61.0	56.67
麦麸	15.0	3.2	2.2	12.0	14.0
豆粕	19.0	20.0	20.0	16.0	13.0
棉籽粕	5.0	1.1	2.0	5.0	4.9
菜籽粕		3.0	2.0	2.8	3.0
酒糟蛋白饲料		2.0	3.0		5.0
磷酸氢钙	1.3	1.95	2.0	0.94	1.0
石粉	1.2	0.45	0.48	1.0	1.1
食盐	0.32	0.3	0.32	0.32	0.33
预混料	1.0	1.0	1.0	1.0	1.0
合计	100	100	100	100	100

（续表）

料号\原料	肉驴精料补充料参考配方（%）				
	1	2	3	4	5
营养水平：					
消化能（DE、兆焦/千克）	12.68	13.35	13.38	12.84	12.74
粗蛋白质（CP、%）	17.31	16.97	17.06	16.89	16.98
钙（Ca、%）	0.8	0.67	0.67	0.65	0.69
磷（P、%）	0.36	0.45	0.45	0.30	0.31
钠（Na、%）	0.15	0.13	0.15	0.14	0.15

注：参考配方中粗蛋白质含量偏低，设计时控制在17%～19%较好

●2.2岁生长肉驴精料补充料参考配方●

见表5-13。

表5-13　2岁生长肉驴精料补充料参考配方表

料号\原料	肉驴精料补充料参考配方（%）				
	1	2	3	4	5
玉米	55.0	59.0	56.0	66.0	62.47
麦麸	20.0	15.0	20.0	10.35	11.0
豆粕	6.64	13.0	7.26	15.29	14.0
棉籽粕	5.0	4.76	5.0		5.0
菜籽粕	5.0		5.0	5.0	
酒糟蛋白饲料	5.0	4.62	3.38		4.0
磷酸氢钙	0.93	1.2	0.93	1.0	1.1
石粉	1.11	1.1	1.11	1.1	1.1
食盐	0.32	0.32	0.32	0.33	0.33
预混料	1.0	1.0	1.0	1.0	1.0

（续表）

料号\原料	肉驴精料补充料参考配方（%）				
	1	2	3	4	5
合计	100	100	100	100	100
营养水平：					
消化能（DE、兆焦/千克）	12.44	12.76	12.44	13.10	12.93
粗蛋白质（CP、%）	15.8	16.1	0.69	15.7	16.13
钙（Ca、%）	0.68	0.72	0.68	0.69	0.70
磷（P、%）	0.31	0.33	0.31	0.31	0.32
钠（Na、%）	0.15	0.14	0.15	0.15	0.15

注：消化能控制在 12.6 兆焦/千克左右、粗蛋白质在 16%~18% 较宜

●3. 3 岁成年驴肥育精料补充料参考配方●

见表 5-14。

表 5-14　3 岁成年驴肥育精料补充料参考配方

料号\原料	肉驴精料补充料参考配方（%）					
	1	2	3	4	5	6
玉米	42.12	51.52	74.0	70.49	65.3	69.0
麦麸	34.0	30.0	—	4.0	2.9	18.0
豆粕	2.6	4.88	4.6	1.5	3.0	7.0
棉籽粕	—	—	1.0	1.0	1.0	1.0
菜籽粕	—	—	—	1.33	—	—
鱼粉	—	—	4.78	3.0	—	2.0
豌豆	18.0	—	—	—	—	—
酒糟蛋白饲料	—	10.6	12.0	16.17	25.0	—
磷酸氢钙	0.8	0.7	1.1	0.3	0.5	0.8

（续表）

料号 原料	肉驴精料补充料参考配方（%）					
	1	2	3	4	5	6
石粉	1.16	1.2	1.2	1.2	1.3	1.0
食盐	0.32	0.1	0.32	0.01	—	0.2
预混料	1.0	1.0	1.0	1.0	1.0	1.0
合计	100	100	100	100	100	100
营养水平：						
消化能（DE、兆焦/千克）	12.13	12.3	13.6	13.13	13.68	12.84
粗蛋白质（CP、%）	13.9	14.2	15.16	14.69	14.86	13.45
钙（Ca、%）	0.6	0.65	0.9	0.70	0.64	0.65
磷（P、%）	0.3	0.33	0.51	0.36	0.35	0.33
钠（Na、%）	0.15	0.15	0.27	0.18	0.23	0.15

　　注：消化能在 13～14 兆焦/千克，粗蛋白质 14%～16% 较宜。食盐可促进驴的食欲，提高饲料的利用率，但食盐添加量搭配要适当。否则将引起钠的含量超标，应用 3、4、5 号原料方应特别注意，最好将钠的含量调到 0.15%

第六章 肉驴饲养实用技术

　　驴的饲养管理是保证驴的健康和正常的生长发育，发挥其生产性能，提高其繁殖力，以及改进驴的品质和培育优良后代的重要措施。

　　科学的饲养管理，应根据驴的营养需要和消化特点，并按照驴的生理机能活动要求等，满足其不同生长发育阶段的营养需求，并给予良好的环境条件，保证其最大限度地发挥其生产潜力。

第一节　肉驴饲养管理的一般原则

　　根据驴的不同生长发育阶段消化生理特点，结合生产实践，肉驴的饲养管理应遵循以下原则。

▎一、肉驴饲养原则

● 1. 按驴的不同生长发育阶段、用途和个体大小分槽定位 ●

　　为了保证驴健康生长发育和合理利用，饲养时应按驴的不同性别、不同年龄、个体大小、采食快慢、个体性情、不同种用时期以及育肥时期不同等分槽定位，保证每个驴都能采食到足够饲料。临产母驴、种公驴和当年幼驹要用单槽，哺乳母驴槽位要宽些，便于驴驹吃乳和休息。

● 2. 定时定量，细心喂养 ●

　　按季节的不同，生产的需要和农活的种类确定喂饲次数、时间和喂量。冬季寒冷夜长，可分早、午、晚、夜喂 4 次，春、夏季节可增加到 5 次，秋季天气凉爽，可减少到每天 3 次。驴易饥易饱，每次喂饲的时间、数量都应固定，防止忽早忽晚、忽多忽少和时饥时饱，这样能使驴建立正常的条件反射。采食过量或不足，都有损其健康、膘情和使役。

　　驴每日喂饲时间不应少于 9～10 个小时，夜间补饲前半夜以草为主，后半夜加喂精料，喂到天明。

● 3. 依槽细喂，少给勤添 ●

　　根据定位的槽内饲料采食情况，确定饲喂量，喂驴的草要铡短，喂前要筛去尘土，挑出长草，拣出杂物。每次给草料不要过多，少给勤添，使槽内既不剩草也不空槽。这样可促进驴消化液分泌和增强食欲。一次投料过多，草易被驴拱湿发软，带有异味。

● 4. 先草后料，先干后湿 ●

　　喂饲时掌握先喂草，后喂料，先喂干草，后拌湿草的原则。拌草用水不宜过多，使草粘住料即可。开始先喂干草 1～2 次，然后加水入槽，撒上精料，搅拌均匀，做到"有料无料，四角拌到"，精料应由少到多，逐渐减草加料。

● 5. 适时饮水，慢饮而充足 ●

　　应根据饲料的种类、气候等给驴供应充足的饮水。切忌喂饲中间或吃饱之后，立即大量饮水，因为这样会冲乱胃内分层消化饲料的状态，影响胃的消化。驴的饮水通常是先喂后饮。使役后不能立即饮冷水，也不能过急过猛饮水，饮冷水驴体温骤然降低，易引起驴的胃肠过度收缩，发生腹疼，容易造成所谓"伤水"（即肠痉挛），过急易发生呛肺。使役后，可先少饮、慢饮一次，切忌暴饮，然后再喂草料。喂饲中可通过拌草补充水分。待吃饱后过一些时间或至下槽干活前，再使其饮足。驴的饮水要清洁、新鲜，冬季饮水温度要保持 8～10℃，切忌饮冰碴水，以防造成胃肠疾病，或妊娠母驴流产。

● 6. 饲养管理程序和饲草种类不能骤变 ●

如需要改变饲养管理程序和草料种类，要逐渐进行，以防止因短期内不习惯使消化机能紊乱。如骤然投以大量青草或豆科饲料，驴则可能发生拉稀或便秘，重则发生胃扩张或腹痛。进入青草期，凡有条件的地方，应尽量放牧。

二、日常管理

舍饲驴多半时间是在圈舍内度过的。圈舍的通风、保暖和卫生状况，对它们的生长发育和健康影响很大。因此，要做好圈舍和驴体的日常管理工作。

● 1. 圈舍管理 ●

圈舍应建在背风向阳处，或设在人住所的一边，内部应宽敞、明亮，通风干燥，保持冬暖夏凉，槽高圈平。要做到勤打扫、勤垫圈，夏天每日至少清除粪便 2 次，并及时垫上干土，保持过道和厩床干燥。圈内空气新鲜、无异味。每次喂饲后，要清扫饲槽，除去残留饲料，防止发酵变酸，产生不良气味，有碍驴的食欲。

淘草缸、饮水缸都要及时刷洗，保持饮水新鲜清洁。冬季驴舍的温度应保持在 8～12℃。夏天圈内闷热，喂饲后应将驴拴于露天凉棚下喂饲，但不能拴在屋檐下和风口处。驴天性怕雨淋，拒涉水。

● 2. 刷拭驴体 ●

每天 2 次用扫帚或铁刷刷拭驴体，可清除驴体污物和寄生虫，同时可促进皮肤血液循环，增强物质代谢，有利于消除疲劳。通过刷拭，还可发现外伤，增强人驴亲和，防止驴养成怪癖。刷拭应按由前往后，由上到下的顺序进行。

● 3. 蹄的护理 ●

主要经常保持蹄的清洁和有适当的湿度。这就要求厩床平坦、干燥。其次是正确修蹄，每 1.5～2 个月可修削 1 次。役用驴还需要钉掌。良好的蹄形可提高驴的生产性能和使用年限。

通过蹄的护理，可以发现蹄病。常见的蹄病有白线裂和蹄叉腐烂，民间称前者为"内漏"，称后者为"外漏"。治疗这两种蹄病时，都是先除去蹄底腐烂杂物，削去腐烂部分。对白线裂可填上烟丝，对蹄叉腐烂可涂以碘酊和填塞松节油布条，然后盖上一块和蹄一样大小的铁片，置于蹄铁内钉上，不使泥土脏物进入，很快即可痊愈。

● 4. 适当运动 ●

运动是重要的日常工作，它可促进代谢，增强驴体体质。

尤其是种公驴，适当的运动可提高精液品质，也可使母驴顺产和避免产前不吃、妊娠浮肿等。运动的量以驴体微微出汗为宜。驴驹若拴系过早，不利于它的生长发育，应让其自由活动为好。

● 5. 定期健康检查 ●

每年至少应牵驴到附近兽医站，进行 2 次健康检查，及时发现疾病，得到及时治疗。如有胃蝇、蛔虫等，应及时驱虫。

第二节　驴驹的培育

驴驹生长发育及生产性能的发挥是由本身遗传特性和外界环境条件所决定的，有一定的规律性。驴驹的培育就是要创造有利的生活环境条件，满足驴的生长发育的要求，使其朝向人们需要的方向生长发育。

一、驴驹生长发育规律

驴驹在正常饲养条件下，从出生到性成熟期生长比较迅速，年龄越小，生长发育越快。性成熟后，生长发育速度逐渐转慢。到成年时，则停止生长。驴驹从出生到 2 岁以内，每增重 1 千克体重所消耗的饲料是最少的，也就是说每千克饲料所换得的体重增长报酬是最多的。因此，加强早期饲养，经济上合算。如果在 1～2 岁期间，因饲养条件不好，使其生长发育受阻，那么到 2 岁以后，就是加双倍的饲料，也无法弥补 2 岁以前阶段发育上的不足。

● 1. 胚胎期发育 ●

驴驹初生时，体高和管围已分别占成年驴的 62.9% 和 60.3%；体长和胸围则分别占成年驴的 45.28% 和 45.69%；而体重为成年驴的 10.34%，可见胎儿期生长发育驴驹较快，四肢骨的发育快于体轴骨，体重绝对增长相对较慢。

● 2. 哺乳期发育 ●

从出生到断奶（6 月龄）为哺乳期，哺乳期是驴驹生后生长发育最快的阶段，各项体尺占生后生长总量的一半左右。这时体高占成年驴的 81.89%，体长占成年的 72.71%，胸围占成年的 68.84%，管围占成年的 81.24%。这一阶段生长发育得好坏，对将来种用、役用、肉用价值影响很大。

● 3. 青年期发育 ●

驴驹断奶到体成熟（约 3 岁）发育期为青年期。驴驹从断奶到 1 岁，体高和管围已分别占成年的 86.6% 和 83.81%，而此时，体长和胸围也分别占成年的 79.33% 和 75.86%。体重达到成年的 60% 左右。

断奶后第一年，即 6 月龄至 1.5 岁，为驴驹生长发育的又一高峰。1.5 岁时体高、体长、胸围、管围分别占成年的 93.35%、89.89%、86.13% 和 93.45%，是肉用驴的最好食用时期之一和最佳育肥期开始期。

2 岁前后，体长相对生长发育速度加快。2 岁时，体长占成年的 93.71%，此时体高和管围分别占成年的 96.29% 和 97.25%，而胸围占成年的 89.31%。体重已达到成年时的 70% 以上，公、母驴均已达到性成熟。

3岁时，驴的胸围生长速度增快，胸围占成年的94.79%，而这时体高、体长和管围也分别占成年的99.32%、99.32%和98.56%。3岁时驴的体尺接近成年体尺，体格发育基本定型，虽胸围和体重以后还有小幅增长，但此时驴的性功能已完全成熟，可以投入繁殖配种。

驴驹从出生到3岁是生长发育较快的阶段。这段时间内，体内代谢非常旺盛，可塑性强，体尺、体重和体内各系统、各器官都以不同速度迅速增长。驴驹在这段时间的发育情况好坏，决定其成年后的经济价值和利用价值。

断奶后的驴驹生长发育规律可概括为"1岁长高，2岁长长，3岁长粗"。

● 4. 成年期发育 ●

驴3岁体成熟后进入成年期。成年期4~5岁这两年，体重还有小的增长，生产性能达到稳定状态，各种组织器官发育完善，生理机能完全成熟，抗病力较强，代谢水平稳定，脂肪沉积能力强。表6-1是关中驴不同年龄体尺指标增长情况。

表6-1 关中驴不同年龄体尺 （厘米、%）

年龄	体高		体长		胸围		管围	
	平均	占成年	平均	占成年	平均	占成年	平均	占成年
3天	89.18	62.93	63.81	45.28	71.25	45.69	10.10	60.33
1月龄	94.00	66.33	74.75	53.05	75.75	51.15	10.83	64.69
6月龄	116.05	81.89	102.45	72.71	107.33	68.84	13.60	81.24
1岁	122.72	86.60	111.79	79.33	118.00	75.68	14.03	83.81
1.5岁	132.29	93.35	126.66	89.89	134.29	86.13	15.66	93.54

（续表）

年龄	体高		体长		胸围		管围	
	平均	占成年	平均	占成年	平均	占成年	平均	占成年
2岁	136.45	96.29	132.05	93.71	139.25	89.31	16.28	97.25
2.5岁	138.23	97.55	136.10	96.59	142.04	91.10	16.43	98.14
3岁	140.75	99.32	139.95	99.32	147.79	94.79	16.50	98.56
4岁	141.62	99.94	140.90	100	153.91	98.71	16.73	99.94
5岁	141.70	100	140.90	100	155.91	100	16.74	100

不同的饲养管理条件对驴驹生长发育有重要影响，群牧条件下，驴驹往往冬季发育停滞，夏季增长很快，而全舍饲条件下驴驹生长发育较均衡。

不同性别的驴驹，在出生后一年内，公母驹发育相差不多，但培育条件好时，公驹比母驹发育快；饲养条件差时，母驹发育优于公驹。因此，公驹对饲养管理条件要求较高，日粮中精料要多些。

二、胚胎期驴驹的培育

养好妊娠母驴，保证胎儿正常发育。先天发育良好，才能为后天发育奠定良好的基础。胎儿的营养由母体获得，因此必须加强妊娠母驴的饲养管理，特别是妊娠最后2～3个月。养好妊娠母驴，不但有利胎儿良好发育，而且能为产后哺乳打下良好的营养基础，所以应注意加强妊娠母驴的饲养管理。

三、哺乳驴驹的培育

驴驹出生以后，由母体环境进入外界环境，其生活条件和生活方式发生了巨大的变化，驴驹的各个器官开始独立活动，消化器官的适应能力和抗病力都很差，生理机能也不很健全。为了使驴驹逐渐适应外界环境条件，必须加强护理，细心观察，使它尽快地适应改变了的新环境。

● 1. 驴驹的护理 ●

新生驴驹断脐后，通常 2~6 天就干缩脱落。在脐带干缩脱落的前后，要注意观察脐带的变化情况，遇有滴血或流尿现象，要及时进行结扎，这是脐带血管闭锁不全引起的现象。在此期间勿使驴驹互相舐吮脐带，以防脐带感染发炎。

新生驴驹的体温中枢尚未发育完全，皮肤的调温机能也很差，而驴驹所处的环境温度要比母体子宫低得多，驴驹对环境温度的适应主要依靠体内糖原储备和棕色脂肪组织。出生后的 1~2 小时，驴驹体温要降低 0.5~1℃，这是正常的生理现象，因此，冬季和早春产仔时应特别注意新生驴驹的保温工作。新生驴驹不仅对低温很敏感，对高温也非常敏感，因而，在炎热季节产仔要注意防暑。

● 2. 注意观察驴驹 ●

驴驹刚出生时行动不灵活，容易发生意外，所以要细心照料。初生当天，应注意观察驴驹的胎粪是否排出，若出生后一天还没有排出，要用温水或生理盐水 1000 毫升，加甘油 10~20 毫升或软肥皂水灌肠；或请兽医处置。要经常看驴驹尾根是否有粪便污染，看脐带是否发炎。如果腹泻（排灰白色或绿色粪便）应暂停哺乳，予以治疗。同时，检查母驴乳房和驴饲料是否卫生，褥草是否干燥、清洁、温暖。

● 3. 尽早吃上初乳 ●

新生驴驹由于胃肠系统的分泌机能和消化机能不够健全，而它的新陈代谢又很旺盛，所以，在新生驴驹站起后有吮乳的本能要求时，要协助它找到乳头，吮食初乳。初乳是新生驴驹获得抗体的唯一途径，初乳中含有大量的抗体，可增强仔畜的抵抗力，初乳中还含有初乳体，特别是含镁盐较多，可刺激仔畜肠道蠕动产生轻泻，促使排出胎粪。初乳的营养价值要比常乳完善，不但含有大量对驴驹生长及防止下痢不可缺少的维生素 A，而且还含有大量蛋白质，特别是清蛋白和球蛋白要比常乳高出 20 ~ 30 倍，这些物质无须经过肠道分解，就可被直接吸收。但是，初乳的品质降低速度很快，一般在产后 4 ~ 7 天就转变为常乳。

驴驹出生后半小时就能站立起来找奶吃。吮食初乳的时间越早越好，驴驹出生后 1 ~ 1.5 小时，就要让其吮食第一次初乳。如产后 2 小时驴驹还不能站立，就应挤出初乳，用初乳喂养，2 小时 1 次，每次 300 毫升。

● 4. 尽早补饲 ●

驴驹的哺乳期一般为 6 个月，该阶段是驴驹出生后生长发育强烈和改变生活方式的阶段。这一时期的生长发育好坏，对将来的经济价值关系极大。1 ~ 2 月龄的驴驹，因体重较小，母乳基本可以满足它的生长发育需要。随着驴驹的快速生长发育，对营养物质的需求增加，单纯依靠母乳不能满足需要。所以应尽早补饲使驴驹习惯于采食饲料，以弥补营养不足和刺激消化道的生长发育。

驴驹出生后15天，便随母驴采食草料。此时应开始训练驴驹吃草料。补喂的草应用优质的禾本科干草和苜蓿干草，任其自由采食。生后1月龄时应开始补精料，此时驴驹的消化能力较弱，要补给品质好、易消化的饲料，最初可用炒豆或煮八成熟的小米或大麦麸皮粥，单独补饲；到2月龄时，逐渐增加补饲量。具体补料量应根据母驴的泌乳量和驴驹的营养状况、食欲及消化情况灵活掌握，喂量由少到多，可由初始的50～100克增加到250克，2～3月龄时每天喂500～800克，5～6月龄时每天喂1～2千克。一般是3月龄前每天补料1次，3月龄后每天补料2次。每天要加喂食盐、骨粉各15克，并注意经常饮水。若有条件，最好随母驴一起放牧。

补饲时间应与母驴饲喂时间一致。但应单设补饲栏以免母驴争食。驴驹应按体格大小分槽补料。个别瘦弱的要增加补料次数以使生长发育赶上同龄驹。

管理上应注意驴驹的饮水需要。最好在补饲栏内设水槽，经常保持有清洁饮水。经常用手触摸驴驹，搔其尾根，用刷子刷拭驴体建立人驴亲和，为以后的调教打下基础。

● 5. 无乳驴驹的养育 ●

无乳驴驹指母驴产后死亡或奶量不足或产后无乳的驴驹。饲养无乳驴驹最好是找代哺的母驴，其次是用代乳品。若代乳母驴拒哺，可在母驴和驴驹身上洒相同气味的水剂，然后由人工帮助诱导驴驹吮乳。

代乳品通常用牛奶、羊奶和驴奶。由于牛、羊和驴乳的脂肪和蛋白比初乳多，乳糖少，因此，要除去上层的一些脂肪。2升牛乳加1升水稀释，再加少许白糖；或1升驴奶加500毫升水和少量白糖，温度保持35～37℃。从初生至1周龄，驴驹每小时哺乳1次，每次150～200毫升。8～14日龄时，白天每2小时1次，夜间3～4小时喂1次，每次250～400毫升。15～30日龄时，每天喂4～5次，每次1升。30日龄至断奶，每天喂3次，每次1升。如给驴驹饮不经调制（稀释加糖）的牛奶、羊奶，往往会引起消化不良，发生肠炎，严重时导致下痢，有的甚至脱水死亡。

● 6. 新生驴驹疾病防治 ●

驴驹出生后，由于生活条件突然改变，会出现一些病变现象，在这个时期，必须加强护理，发现异常及时诊断与治疗。

（1）脐带出血。驴驹出生后，通常脐动脉收缩力强而自行封闭，由肺脏开始呼吸。但有的驴驹肺脏膨胀不全，或心脏卵圆孔封闭不全，使心脏机能发生障碍，影响脐静脉封闭，因而引起脐带出血。也有因用剪刀断脐时，剪口血液凝固不全而引起出血。轻者脐静脉血液成滴流出，重者脐动脉血流成股流出，如治疗不及时，往往会因流血过多而使驴驹死亡。发现这种情况要重新结扎脐带，并要把脐带断端浸泡在碘溶液中数分钟。如脐带断端过短，血管缩至脐带以内，可先用消毒纱布填塞，再将脐孔缝合。

（2）脐带炎。一般驴驹断脐后经2～6天即会干缩脱落，但如在断脐后消毒不严，脐带受到感染或被尿液浸润，或仔畜相互吸吮脐带均可引起感染，引发脐血管及其周围组织的炎症。初发时，在脐孔周围注射青霉素，如脓肿则应切开脓肿部，撒以磺胺粉，并以锌明胶绷带保护。对脐带坏疽性脐炎病例，要切除坏死组织，用消毒液清洗后，再用碘溶液、苯酚或硝酸银腐蚀涂抹。

（3）便秘。胎粪是胎儿胃肠道分泌的黏液、脱落的上皮细胞、胆汁和吞咽的羊水经过消化作用后剩下的废物积累在肠道内形成的，通常仔畜在生后数小时即能排出体外，如果出生后1天不排出胎粪，便是秘结。

新生驴驹便秘时表现不安、弓背、努责、前蹄扒地、后蹄踢腹、回顾腹部，继而不吃奶、出汗、呼吸和心跳加快、肠音消失、全身无力、经常卧地不起。直肠检查时可掏出黑色、浓稠的粪块。对便秘的治疗可采用温肥皂水或油剂灌肠，或灌服蓖麻油、液体石蜡等轻泻剂，也可用手指插入肛门掏出粪块。为预防仔畜便秘发生，仔畜出生后应尽快让其吮食初乳，或将油类灌入直肠。

四、断奶驴驹的培育

哺乳驹断奶以及断奶后经过的第一个越冬期，是驴驹生活条件剧烈变化的时期。若断奶和断奶后饲养管理不当，常引起营养水平下降，发育停滞，甚至患病死亡。

● 1. 适时断奶 ●

驴驹一般在6~7月龄时断奶，断奶是驴驹从哺乳过渡到独立生活阶段。断奶过早，影响发育；反之，又影响母驴体内驴驹发育，甚至损害其健康。断奶要逐渐进行，断奶前几周，应给驴驹吃断奶后饲料。断奶应一次完成。刚断奶时，驴驹思念母驴，不断嘶鸣，烦躁不安，食欲减退，此时应加强管理，昼夜值班，同时给以适口、易消化的饲料，如胡萝卜、青苜蓿、禾本科青草、燕麦、麸皮等。由于驴驹断奶后的第一年生长发育较快，体高应达到成年的90%，体重要达到成年的60%，平均日增重约0.3千克。所以，对断奶后的驴驹应给予多种优质草料配合的日粮，其中精饲料量应占1/3（肉用的驴驹精饲料量应更高），每日不少于1.5千克，且随年龄的增长而增加。1.5~2.0岁性成熟时，精饲料量应达成年驴水平。对公驴来讲，其精饲料量还应额外增加15%~20%，且精饲料中应含30%左右的蛋白质饲料。如有青草，尽量外出放牧，以增加运动，促进骨骼生长。要任其活动，不要拴系使其站立不动。粗饲料应以优质青干草为主。

●2. 断奶后饲养管理●

断奶后驴驹开始独立生活，第一周实行圈养，每天补4次草料，每天可喂混合精1.5~3千克，干草4~8千克。饮水要充足，有条件的可以放牧或在田间放留茬地。

断奶后很快进入冬天，天气寒冷，会给驴驹的生长带来很大的影响。此阶段要加强护理，精心饲养，饲料要多样化，粗料要用品质优良的青贮或优质干草。为了安全越冬，应抓好驴驹的秋季管理，长好秋膘。

管理上必须为驴驹随时供应清洁饮水；加强刷拭和护蹄工作，每月削蹄一次，以保持正常的蹄形和肢势；加强运动，运动时间和强度要在较长的时间里保持稳定，运动量不足，驴驹体质虚弱，精神委靡，影响生长发育。

驴驹 1.5 岁时，应将公、母分开，防止偷配，并开始拴系调教；2 岁时应对无种用价值的公驴进行去势（肉用驴可以早些，在育肥开始前去势）。开春后和入秋后，各驱虫一次。

● 3. 加强驯致和调教 ●

驯致是通过不断接触驴驹而影响驴驹性情，建立人驴亲和，是调教工作的基础。驯致从驴驹哺乳期就应开始，包括轻声呼唤、轻抚驴驹、用刷子刷拭，以食物为诱惑，促使其练习举肢、扣蹄、带笼头、拴系和牵行等。

调教是促进驴驹生长发育、锻炼和加强体质、提高其生产性能的主要措施。用作产肉用途的驴不必调教。

● 4. 防止早配早使 ●

早使早配因影响生长发育，可使使役价值和经济价值造成损失。正确的做法应该是按照驴驹生长发育规律，母驴配种不要早于 2.5 岁，正式使役不要早于 3 岁。公驴配种可从 3 岁开始，5 岁以前使役、配种都应适量。

五、公驴去势

公驴去势主要用于品质不良的种公畜，防止发育不良、不符合品种要求等的种公驴自由交配，产生劣种而影响驴群质量。役用公驴去势后便于饲养管理和使役，可提高公驴的使役价值。肉用驴则可促进生长发育，提高饲料利用率，提高生长速度及肉的品质等。公驴去势年龄一般在 2 岁左右，去势时间以春末夏初和晚秋季节较为适宜。

● 1. 公驴保定 ●

一般取站立保定，助手用鼻钳固定驴，将驴头高抬。有条件的将驴拴于柱栏内站立保定，对性情暴烈的公驴可取侧卧保定，通常不需麻醉。

● 2. 手术方法 ●

公驴去势的手术方法较多，通常分为无血去势法和有血去势法两大类。无血去势法又分为阴囊颈部结扎法、勒骟法、夹骟去、钳夹法、捶骟法等；有血去势法又根据手术处理和保定的方法分为精索结扎法、火烙精索的火骟法和以消毒的清洁凉水泼浇阴囊促使血管收缩而达到止血目的的水骟法和边牵着驴行走、边摘除睾丸的走骟法等。现择其常用的主要方法介绍如下。

（1）无血去势法——捶骟法。这是我国民间传统的去势法，具体操作时，公驴取横卧保定，用木棍夹住阴囊颈部，再将夹棍连同阴囊一同翻转使睾丸竖立于夹棍上，用木棒猛力锤打睾丸。将睾丸实质砸烂，然后将阴囊皮肤涂以碘酊，松开夹棍，手术即告结束。该法施行后阴囊将严重肿胀，须每天进行牵遛运动，加强护理，经 30 天左右，肿胀即行消退。

（2）有血去势法——精索结扎法。公驴取站立保定或横卧保定，术者左手握住阴囊颈部，用力将睾丸挤向阴囊底，使囊壁绷紧，术部用碘酊消毒后，以右手持刀在距阴囊缝际一侧的 1~2 厘米处作一纵向切口。并切透睾丸鞘膜，将睾丸挤出，分离与睾丸联系的鞘膜韧带，再贯穿结扎精索，于结扎的下方1厘米处切断精索，除去睾丸及附睾。沿此刀口切开阴囊纵隔，用同样的方法取出另一侧睾丸。然后于创口内涂以5%碘酊或消炎粉，再缝合2~3针，手术即告结束。

第三节　种公驴的饲养管理

种公驴是指有配种任务的成年公驴。一头优良的种公驴应膘情适中，性欲旺盛，精液品质良好和受胎率高。在一个配种期内，一头公驴平均负担75~80头母驴的配种任务。公驴经常每日或隔日配种或采精。有时甚至一天多达2次以上，每次平均排出50毫升左右精液，因此种公驴常处于紧张的精神活动状态，无论能量还是蛋白质、矿物质和维生素的消耗，都显著高于其他非配种公驴。因此，种公驴的饲养管理条件，是完成配种任务、改良和提高后代品质的关键因素。

养好种公驴的标志是保持不肥不瘦良好的种用体况，使其在配种期有旺盛的性欲，能产生量多质优精液，提高与配母驴数量和发情期受胎率。其饲养管理一般为分为四个时期。

一、准备配种期(1~2月份)

准备配种期的饲养管理重点就是保持公驴的强健体况，养精蓄锐，减少体力消耗，为完成配种任务做好一切准备工作。

● 1. 准备配种期的饲养 ●

逐渐增加精饲料喂量，减少粗饲料的比例，精饲料应偏重于蛋白质和维生素饲料的供给，如豆饼、胡萝卜和大麦等。特别是对精液品质不良、瘦弱或有慢性疾病的种公驴，更应加强饲养管理，精心照料，使其尽早恢复健康。配种前 3 周完全转入配种期饲养。

● **2. 准备配种期的管理** ●

（1）注意运动量的掌握。一般情况下，要适当减小运动和使役强度，以贮备体力。但对体况较好的驴，则需要加强运动，以免因运动量不足、身体过肥而降低配种能力。

（2）正确判断种公驴的配种能力。根据历年配种成绩、膘情及精液品质等评定其配种能力。精液品质评定方法是：每次检查应连续 3 次，每次间隔 24 小时。如采精时射出来的精液量达 30 ~ 80 毫升，精液呈乳白色，精子活力在 0.7 以上，密度为 1 亿 ~ 2.5 亿个/毫升，存活时间达到 50 小时以上，则为正常。如发现不合格者，应查清原因，在积极改进饲养管理的基础上，过 12 ~ 15 天再检查 1 次，直到合格为止。精液品质不良的表现及应采取的措施见表 6 - 2。

（3）种公驴的调教。对所有的种公驴（尤其是第一次参加配种的青年种公驴）必须做好交配或采精的训练工作，以免发生拒绝交配、不射精等现象。对有恶癖（如踢人、咬人）或性情暴躁的种公驴要细心调教和纠正，使它习惯交配或采精。某些性功能衰退（如阳痿、射精困难等）是由多种原因造成的，如营养不良、缺乏运动、交配过度、假阴道温度过高或过低等，要查明原因，加以纠正。

表6-2 精液品质不良的表现及应采取的措施

精液品质不良情况	采取的措施
精液量少	增加多汁饲料（青草、大麦、胡萝卜等）
精子活力差	适当运动，增加动物性饲料
精子畸形率高	增加维生素类饲料，如胡萝卜、短芽大麦等；冷敷睾丸
精液中发现脓、血及异物等	应立即停止交配并诊断、治疗

二、配种期(3～7月份)

配种期种公驴一直处于性活动紧张状态，体力消耗很大，必须保持饲养管理的稳定性，不可随意改变日粮、运动量和饲养程序，保持种公驴的种用体况、旺盛的性欲和优良的精液品质。

● 1. 配种期的饲养 ●

此期喂驴的粗饲料最好是用优质的禾本科和豆科（占1/3～1/2）的混合干草。最好用青苜蓿或其他青绿多汁饲料，如野草、野菜、嫩树叶及人工栽培牧草喂驴，以补给生物学价值高的蛋白质、维生素和矿物质，有利于精子的形成和提高精子活力。但饲喂量不可过多，以防止种公驴腹部过大，有碍配种。无青草时可喂给胡萝卜和大麦芽，以补充维生素的供给。

精饲料可以燕麦、大麦、麸皮和小米为主，玉米、高粱为辅，配合豆饼或豆类，如黑豆、大豆、豌豆等混合饲喂。其中小米不仅适口性强，而且对提高性欲和精液品质有良好效果。

在配种期，食盐、石粉等矿物质饲料是必不可少的，另外，对于配种任务大的种公驴还应喂给牛奶、鸡蛋或肉骨粉等动物性饲料，以提高精液品质。

配种期公驴的饲料，应尽力做到多样化，同时约隔20天，就要调整日粮中精饲料组成的一部分，以增进食欲。

一般大型公驴在配种期每天应采食优质混合干草3.5～4.0千克，精饲料2.3～3.5千克，其中豆类不少于24%～30%，缺乏青草时，每天应补给胡萝卜1千克或大麦芽0.5千克。配种期公驴的日粮可参考表6-3。

表6-3　大型种公驴日粮配合参考

时期	序号	大麦（千克）	麸皮（千克）	豆饼（千克）	玉米（千克）	高粱（千克）	谷子（千克）	精料小计（千克）	谷草、野干草各50%（千克）	青草（千克）	胡萝卜（千克）	食盐（克）	骨粉（克）	石粉（克）
配种期	1	1.0	0.75	1.0			1.0	3.75	3.5～4.0		2.0	50	75	50
	2		1.0	1.0		1.0		3.00	3.5～4.0		2.0	50	75	50
	3		1.0	1.0	1.0			3.00	3.5～4.0	10		50	75	50
非配种期	1	1.5	0.5	0.5				2.50	5～8		2.0	30	60	40
	2		0.5	1.0	1.0			2.50	5～8		2.0	30	60	40
	3		0.5	1.0	1.0			2.50	5～8		2.0	30	60	40

注：配种旺期可增加鱼粉50～80克，或鸡蛋3～5个，或牛奶0.5～1千克。体重小于350千克的公驴应该减少草料喂量，整粒饲料要经粉碎后饲喂

●**2. 配种期的管理** ●

（1）适当运动。运动是增强种公驴体质、提高代谢水平

和精液品质的重要因素。配种期应保持运动的平衡，不能忽轻忽重。运动方式为使役或骑乘锻炼均可。运动时间应每天不少于1.5~2小时。但配种或采精前后1小时，应避免强烈运动。配种后应牵遛20分钟。

在配种、运动和饲喂以外的时间，尽量让种公驴在圈舍外自由活动，接受日光浴。夏天中午为防日晒可将种公驴牵入圈内休息。注意生殖器官的情况，以免引起炎症。用冷水擦拭睾丸，对促进精子的产生和增强精子的活力有良好的作用。

（2）合理利用。采精（或配种）应定时。每天以1次为限，如一天采精（或配种）2次，2次间隔时间应不少于8小时，但不能连续2天以上。连续采精（或配种）5~6天，应休息1天。配种期每天配种（或采精）2次的种公驴作息见表6-4。配种次数应随时根据精液品质的变化而定。喂饮后半小时之内不宜配种。

表6-4　每天配种（或采精）2次的种公驴作息时间表

时　间	饲养管理内容
3：30~4：30	检查舍温、饮水、投草
4：30~5：30	早饲、投草
5：30~6：00	轻刷拭，准备运动
6：00~7：00	第一次运动
7：30~8：30	用草把刷拭，休息，准备采精
8：30~9：00	第一次配种或采精

（续表）

时　间	饲养管理内容
9：00～10：40	休息或自由运动
10：40～11：40	饮水、投草
11：40～13：00	午饲、投草
13：00～15：00	自由运动、刷拭
15：00～16：00	第二次运动
16：00～16：30	刷拭、休息
16：30～17：00	第二次配种或采精
17：00～17：30	休息
17：30～18：00	检查舍温、饮水、投草
18：00～19：30	晚饲、投草
22：00～22：30	饮水、投草

（3）单圈饲养。种公驴应养在宽敞、光照适宜、通风良好的单圈内，圈舍面积一般为 9 平方米，不拴系，让其自由活动和休息。早晚要尽量在圈外拴系。做好圈内外清洁卫生和防疫消毒工作。严禁外人接触种公驴。对种公驴的粗暴管理会造成性抑制，使精液品质下降。

三、体况恢复期(8～9月份)

此期主要是恢复种公驴的体力，一般需 1～2 个月的时间。

●1. 体况恢复期的饲养 ●

在增加青饲料的情况下，精饲料量可减至配种期的 1/3～

1/2，少给蛋白质丰富的饲料，如豆饼等，多给易消化的饲料，如燕麦、大麦、麸皮和青草等。

● 2. 体况恢复期的管理 ●

应减轻运动量和强度，增加逍遥运动，保持圈舍清洁、通风、干燥，使种公驴保持安静。要全面进行种公驴的健康检查，对个别瘦弱的应细心饲养，尽快增膘复壮。

四、体况锻炼期（10～12月份）

锻炼期一般为秋末、冬初，此时天高气爽，应加强运动，使种公驴的肌肉坚实、体力充沛、精神旺盛，为来年配种打好基础。

● 1. 锻炼期的饲养 ●

精料量比恢复期增加，以能量饲料为主。

● 2. 锻炼期的管理 ●

以加强锻炼为主，逐步增加运动或使役强度和时间。

五、青年种公驴的调教

饲养员、采精员不要参加防疫注射、采血输液、外科手术、修蹄等，防止牲畜记仇，发生咬人、踢人等危害人身安全的事故。对种公驴要耐心、细心，绝不可殴打种驴，要使人、畜亲和。经常刷拭，经常按摩睾丸，毛皮、尾巴、头顶，蹄叉要清洗干净，定期修蹄。采精调教，应使没采过精的年轻种公驴事先见习。在采精之前要备好采精架、台畜、假阴道等，假阴道温度一定要合适，否则易出毛病，养成坏习惯，使采精失败。有时公驴感觉不舒服容易咬人、踢人，造成伤害，所以采精场地要求安静，防止人杂吵闹。地面要结实，不起灰尘，以防污染精液，但地面要防止硬滑，以免在采精时种驴滑倒摔伤。保持种用体型非常重要，给料、喂草要适宜，防止因采食体积大的草料形成草腹，而丧失配种能力，造成损失。

第四节　母驴的饲养管理

繁殖母驴是指能正常繁殖后代的母驴，它们一般兼有使役和繁殖双重任务。养好繁殖母驴的标志是膘情中等；空怀母驴能按时发情，发情规律正常，配种容易受胎；怀孕后胎儿发育正常，不流产；产后泌乳力和母性强。

一、空怀母驴的饲养管理

空怀母驴如果饲喂劣质干草，缺乏多汁饲料，晒太阳不足，会导致营养物质摄入不足，引起生殖机能紊乱；如果母驴采食大量精料，而运动不足，就会造成肥胖，脂肪沉积在卵巢外，也会引起生殖机能紊乱。因此，空怀母驴在配种开始前1~2个月提高饲养水平，喂给足量的蛋白质、矿物质和维生素饲料；适当减轻使役强度；对过肥的母驴，应减少精饲料，增喂优质干草和多汁饲料，加强运动，使母驴保持中等膘情。配种前1个月，应对空怀母驴进行检查，发现有生殖疾病者要及时治疗。

　　总之，加强对空怀母驴的饲养管理，适当减轻使役强度，加强营养，使其保持中等膘情，才能正常发情，容易受胎。

二、妊娠母驴的饲养管理

　　母驴的妊娠期较长，驴驹出生时已完成体高的大部分，必须加强母驴在妊娠后期的饲养管理。母驴受胎的第 1 个月内，胚胎在子宫内尚处于游离状态，遇到不良刺激，很容易造成流产或胚胎早期死亡，此时，应特别注意避免使役和饲料应激。妊娠 1 个月后，可照常使役。在妊娠后的 6 个月期间，胎儿实际增重很慢；从 7 个月后，胎儿增重明显加快，胎儿体重的80%是在最后 3 个月内完成的。所以母驴怀孕满6 个月后，要减轻使役，加强营养，增加蛋白质饲料的喂量，选喂优质粗饲料，以保证胎儿发育和母驴增重的需要。不役用的母驴每天要进行 2 小时的追逐运动（分上、下午 2 次进行），其余时间除饲喂、刷拭等作业外，应在厩外自由运动。如有放牧条件，尽量放牧饲养，既可加强运动，又可摄取所需各种营养。

　　妊娠后期，由于缺乏青绿饲料，饲草质劣，如果精料太少，饲料品种单一，加上不使役，不运动，往往导致肝脏机能失调，形成高血脂及脂肪肝，产生的有毒代谢产物排泄不出，出现妊娠中毒，表现为产前不吃，死亡率相当高。为预防此病的发生，在妊娠后期，要按胎儿发育需要的蛋白质、矿物质和维生素适当调配日粮，饲料种类要多样化，补充青绿饲料和多汁饲料，加强运动，减少玉米等含能量高的饲料，喂给易消化、有轻泻作用、质地松软的饲料，预防母驴产后便秘。产前1个月停止使役，每天运动应不少于4小时。临产前几天，草料总量应减少1/3，多饮温水，每天牵遛运动。

　　整个妊娠期间管理要点是注意保胎，防流产。母驴的早期流产多发于农活繁重的季节，疏于管理；后期多因冬春寒冷、吃霜草、饮冰水、受机械损伤、驭手打冷鞭、打头部、驴吃发霉变质饲料等容易引起流产。产前1个月，更要注意保护和观察。体型小的母驴，骨盆腔也小，在怀驴驹的情况下，更易发生难产，故需兽医助产。因此，当开始发现产前症状时，最好送附近兽医院待产。

三、分娩前后母驴的饲养管理

● 1. 分娩前的准备 ●

　　临产前2周，母驴应停止使役，移入产房，专人看护，单独饲喂。定时梳刷，按摩乳房，促进乳房血液循环，保护乳房。减少粗饲料喂量，每天饲喂4~5次，多饮温水，坚持适当运动，以促进消化。

　　产房要温暖、干燥、无贼风，光线充足，尤其北方早春气候寒冷，要注意保温。在妊娠驴进入产房前，将产房扫干净，地面用石灰消毒，铺上垫草。加强护理，注意观察母驴的临产表现。提前准备好接产用具和药品，如剪刀、热水、药棉、毛巾、消毒药品等。如无接产条件，可请兽医接产。

● 2. 母驴的接产 ●

母驴一般在半夜时产驹。正常情况下，母驴产驹不需助产。母驴大多躺卧着产驹，但也有站立产驹的。因此，要注意保护驴驹，以免摔伤。需要助产的，要及时请兽医处理。

驴驹头部露出后，要用毛巾把驴驹鼻内的黏液擦干净，以免黏液被吸入肺内。驴驹产出后，若脐带未断，接产人员可用手握住脐带向胎儿方向捋断，使脐带内血液流向胎儿。然后，在胎儿腹壁 2~3 指处用手掐断，立即用浓碘酒棉球充分浸断端。

驴驹出生后，用 2% 来苏儿消毒，洗净并擦干母驴外阴部、尾根、后腿等被污染的部位。产房换上干燥、清洁的垫草。用无味消毒水如 0.5% 的高锰酸钾液，彻底洗净并擦干母驴乳房，让驴驹尽快吃上初乳。如是骡驹，为防止发生溶血病，在未作血清检测时应暂停吃初乳，并将初乳挤出，给骡驹哺喂糖水和奶粉，1 天后乳汁正常后方可让骡驹吃乳。一般母驴产后 1 小时，胎衣排出，应立即将胎衣、污染的垫草清除、深埋。若 56 小时胎衣仍未排出，应请兽医诊治。

驴驹断脐后，及时将驴驹移近母驴头部，让母驴舔驴驹，以增强母子感情，促进母驴泌乳和排出胎衣。如果母驴身体虚弱，应及时擦干驴驹身上的黏液，以防引起幼驴感冒和消化系统的疾病。待驴驹站立，马上辅助它吃上初乳。

驴驹出生后，呼吸发生障碍或无呼吸仅有心脏活动，称为假死或窒息。如不及时采取措施进行急救，往往会引起驴驹死亡。

引起假死的原因很多，主要有分娩时排出胎儿过程较长，很大一部分胎儿胎盘过早脱离了母体胎盘，胎儿得不到足够氧气；胎儿体内二氧化碳积累，而过早地发生呼吸反射，吸入了羊水；胎儿倒生时产出缓慢使脐带受到挤压，使胎盘循环受到阻滞；胎儿出生时胎膜未及时破裂等。

急救假死驴驹时，首先将驴驹后躯抬高，迅速用纱布或毛巾擦净驴驹口、鼻中的黏液或羊水，然后将连有皮球的胶管插入鼻孔及气管中，吸尽其黏液；也可将驴驹头部以下浸泡在45℃的温水中，用手和掌有节奏地轻压左侧胸腹部以刺激心脏跳动和呼吸反射；也可将驴驹后腿提起抖动，并有节奏地轻压胸腹部，促使呼吸道内黏液排出，诱发呼吸。也可向驹鼻腔吹气，用草棍间断刺激鼻孔，使假死驴驹复苏。如果上述方法无效，则可施行人工呼吸，将假死驴驹仰卧，头部放低，由一人抓仔畜前肢交替扩张，另一人将驴驹舌拉出口外，用手掌置最后肋骨部两侧，交替轻压，使胸腔收缩和开张。在采用急救手术的同时，可配合使用刺激呼吸中枢的药物，如皮下或肌内注射1%山梗莱碱0.5～1毫升或25%尼可刹米1.5毫升，其他强心剂也可酌情使用。

● 3. 母驴产后的护理 ●

母驴在分娩和产后生殖器官发生很大变化。分娩时子宫颈开张松弛，子宫收缩，在排出胎儿的过程中产道黏膜表层有可能损伤，分娩后子宫内积沉大量恶露，这些都为病原微生物的侵入和繁衍创造了良好条件，降低了母驴机体的抵抗力，因此，对产后期的母驴必须加强护理，以使母驴尽快恢复正常，提高抵抗力。

母驴产后身体虚弱，头5～6天要给予品质好、易消化的

饲料。产后 1~2 周，要控制草料的喂量，做到逐渐增加，10
天左右可恢复正常。在产后如发现尾根、外阴周围黏附恶露
时，要清洗和消毒，并防止蚊蝇叮吮，褥草要经常更换。

另外，母驴产后一般都发生口渴现象，因此，在产后要
准备好新鲜清洁的温水，以便在母驴产后及时给予补水，饮
水中最好加入少量食盐（0.5%~1%）和麸皮，最好饮小米
粥（30~35℃），以使母畜增强体质，有利恢复健康。

四、难产的预防

难产虽在实践中不是经常发生，但是，一旦发生难产，
极易引起幼仔死亡，有时也会因手术助产不当危及母驴生命，
或使产道和子宫受到损伤，或感染疾病影响母驴的繁殖能力，
因此，积极预防难产对驴繁殖具有重要意义。

● **1. 防止早孕** ●

防止青年母驴过早配种受孕，要在体成熟后才让其配种，
否则，由于动物尚未发育成熟就配种受孕，容易发生骨盆狭
窄而导致难产。

● **2. 注意妊娠期的营养与适当运动** ●

母驴妊娠期间，胎儿的生长发育所需的营养物质要依靠
母体提供，母体除维持本身营养需要外，还要供给胎儿发育
需要的营养，所以，对妊娠母驴要进行合理饲养，增加营养
物质的供给，不仅保证胎儿正常发育的需要，且能维持自身
的健康，还能减少发生难产的可能性。母驴妊娠后期适当减
少蛋白质饲料，以免胎儿过大导致难产。

妊娠母畜要有适当的运动或轻度使役，妊娠前期运动量可适当多点，以后随着妊娠期的延长可提高妊娠母驴对营养物质的利用率，使胎儿正常发育，还可提高母畜全身和子宫的紧张性，使分娩时增强胎儿活力和子宫收缩力，并有利于胎儿转变为正常分娩胎位、胎势，以减少难产及胎衣不下、产后子宫复位不全等的发生。

● 3. 产前检查 ●

临产前的诊断也是预防难产的一个重要措施，驴在尿膜囊破裂、羊水排出之后检查较为合适，因这个阶段正是胎儿前置部分刚进入骨盆腔的时间。将消毒好的手臂伸入产道，隔着未破羊膜或已破羊膜触摸胎儿。如羊膜未破，一定不要撕破羊膜，以免羊水过早流失，影响胎儿排出。如确诊正常，可让其自然产出；如有异常要立即进行矫正手术，因这时胎儿躯体尚未进入骨盆腔，胎水还未流尽，子宫内较滑润，子宫又尚未裹住胎儿，矫正比较容易，可避免难产发生，同时，还能提高胎儿的存活率。如果诊断胎儿为倒生，则无论异常与否，要迅速拉出，防止胎儿窒息。

五、哺乳母驴的饲养管理

驴的哺乳期一般为 6~8 个月，幼驴的营养靠母乳，据测定，约 10 升母乳可使驴驹增加 1 千克体重。因此，要使驴驹长得快，就必须做好哺乳母驴的饲养管理工作。在哺乳期，饲料中应有充足的蛋白质、维生素和矿物质。混合精料中豆饼应当占 30%~40%，麦麸类占 15%~20%，其他为谷物类饲料。为了提高泌乳力，应当多补饲青绿多汁饲料如胡萝卜、饲用甜菜、土豆或青贮饲料等。有放养条件的应尽量利用，这样不但能节省大量精饲料，而且对泌乳量的提高和驴驹的生长发育有很大的作用。另外，应根据母驴的营养状况、泌乳量的多少酌情增加精饲料量。哺乳母驴的需水量很大，每天饮水不应少于5次，要饮好饮足。

在管理上，要注意让母驴尽快恢复体力。产后10天左右，应当注意观察母驴的发情，以便及时配种。初生至2月龄的驴驹，每隔30~60分钟哺乳1次，每次1~2分钟，以后可适当减少吮乳次数。

繁殖上，要抓住第一个发情期的配种工作，否则受哺乳影响，发情不好，母驴不易配上。

第五节 肉驴快速育肥

肥育就是用先进的技术、科学的方法进行肉驴的饲养管理，以较少的饲料和较低的成本在较短时间内获得较高的产肉量和营养价值高的优质驴肉产品。

一、影响肉驴育肥效果的因素

肉驴的肥育速度、饲料的利用效率和胴体品质受很多因素的影响，而且各种因素间又相互影响，相互关联。

● 1. 品种和个体差异 ●

不同品种的驴在相同的饲养条件下，它们的生长速度、肥育性能、胴体品质、饲料的利用率不同，如选育程度较高的德州驴和广灵驴等大、中型驴的育肥效果优于西南驴和云南驴等小型驴。同一驴种的不同个体，由于体型外貌和体质不同，育肥速度也不同。为了提高驴的肥育效果，首先要了解各品种驴的生长发育和肥育性能，选择体型大、胸宽深的驴种，采取相应的肥育措施，才能获得满意的肥育效果。

● 2. 不同年龄阶段 ●

不同年龄和体重的驴在肥育期间，对营养水平的要求不同，增重的内容和速度也不相同。例如，幼龄驴生长发育旺盛，增重的内容主要是骨骼、肌肉，此时对蛋白质的需求较多，对饲料品质要求较高。成年驴肥育时主要是增加脂肪，对饲料的能量水平要求较高。通常，单位增重所需的营养物质总量以幼驹最少，老龄驴最多。年龄越小，育肥期越长，如幼驹需要1年以上。年龄越大，则育肥期越短，如成年驴仅需3～4个月。

1.5～2.5岁肥育的驴效果最好，经专家们测定，豆科牧草肥育60天，1.5岁的驴平均日增重633克，4岁的驴平均日增重为377克，而12～15岁的驴平均日增重为127克。0.5岁的驴驹，虽然生长发育速度最快，但产肉少，利用不划算，经济效益不高，所以还应选择1.5～2.5岁的合适。抓紧肥育，掌握适时屠宰的时期，降低生产成本。

● 3. 环境温度 ●

环境温度对驴肥育的营养需要和日增重的影响较大，根据驴的生理特点，驴的适宜温度为16～24℃。如环境温度低于16℃，饲料利用率下降；如高于24℃，驴的呼吸次数增加，采食量减少，温度过高会导致停止采食，特别是肥育后期的驴膘较肥，高温危害更为严重。

季节对驴产驹也有很大影响。驴虽春、秋两季发情，但秋配的驴初生重、断奶重、生长发育、成活率和胴体品质都远不如春产驴驹，因而不主张配秋驴。希望驴驹产在每年4～5月份，这时气候条件、饲料条件都是最好时期。但对肉用驴生产来说，可以创造或改善条件，使秋产驴得以实现，增加肉驴生产的周转和生产量。肥育也是如此，严冬和酷暑对肥育不利，如能改善环境，实施全年连续生产，肥育也是可行的。所以，采取工厂化、集约化养驴生产，控制饲养环境是将来必由之路。

● 4. 饲料种类 ●

饲料的种类不同，会直接影响驴肉的品质，其营养的实质主要是能量和蛋白质的影响。饲料中有机物的含量及其质量决定饲料能量价值的高低，其中以粗纤维和粗脂肪的影响更为明显。粗纤维多能量就低。所以，肥育中要适当增加玉米、高粱、麦麸等含能量多的精料，才能获得高的日增重和优质肉的品质。饲料蛋白质供应不足时，驴的消化功能减退，生长缓慢、增重变慢，抗病能力减弱，会严重影响肉驴的健康和肥育。所以，驴肥育时，特别是驴驹肥育或肥育前期，驴的日粮中要给予足够的豆类、饼类、苜蓿草等蛋白质含量高的饲料。

饲料的种类对肉的色泽和味道也有重要影响。如以黄玉米育肥的驴，肉及脂肪显黄色，香味浓；喂颗粒状的干草粉及精饲料，能迅速在肌肉纤维中沉积脂肪，并提高肉品质；

多喂含铁量多饲料则肉色浓；多喂荞麦则肉色淡。

● 5. 杂交的影响 ●

利用肉驴的杂交，可以使杂种在生长速度、饲料报酬和胴体品质等方面显示出杂种优势，在肉驴生产中，可以采取二元或三元杂交，配合相应的饲料条件来提高肉驴的生产潜力。

● 6. 适时出栏 ●

适时出栏屠宰是肉驴生产重要的一个环节，直接影响肉驴生产效益和肉的品质，一定要选择最佳肥育结束期及时出栏，增加驴的周转量。驴最佳育肥结束期判断方法如下。

（1）从采食量判断。在正常肥育期，肉驴采食量是有规律的，即绝对日采食量随肥育期的增重而下降，如下降量达到正常采食量的 1/3 或更少；或按活体重计算，日采食量（以干物质为基础）下降到体重的 0.9%～1.1% 或更少，这时已将达到最佳肥育结束期。

（2）用育肥肥度指数来判断。可参考肉牛的指标，即利用活驴体重与提高的比例关系来判断，指数越大，育肥度越好，但不是无止境的。一般以 526 为最佳。

育肥度指数计算方法：（体重/体高）×100

（3）从肉驴体型外貌来判断。主要检查驴体格丰满程度，判断的标准是必须有脂肪沉积的部位是否有脂肪和脂肪含量的多少；脂肪不多的部位沉积脂肪是否厚实和均衡等，可以确定及时屠宰。

二、肉驴育肥方式

肉驴育肥由于各地具体的饲养、饲料条件不同，肉驴育肥的方式很多，但都不是单一采用，而是有所交叉。生产实践中可以采用的方式有如下几种。

● 1. 舍饲肥育 ●

在舍饲的条件下，应用不同类型的饲料对驴进行肥育。这种育肥方式由于育肥驴类型和采用饲料类型不同，育肥效果也不同。例如，对老龄凉州驴用单一的豆科干草肥育 60 天，平均日增重 247 克。对老龄关中驴、凉州驴采用麦草—精料型的日粮肥育 25 天，平均日增重 435 克，肥育 35 天平均日增重为 299 克；而对老龄驴占 60% 的晋南驴进行 70 天的优质豆科、禾本科干草—精料型日粮肥育，头 30 天平均日增重为 700 克，31～50 天的平均日增重为 630 克，而 51～70 天的平均日增重为 327 克，全程 70 天平均日增重为 574 克。相比而言，干草—精料型日粮较为优越。

为了使耗料增重比经济合理，驴的舍饲肥育不宜积累过多的脂肪，达到一级膘度就应停止肥育。优质干草—精料型的日粮以肥育 50～80 天为好。高中档驴肉肥育的时间要长，肉的售价也高。驴在正式进入肥育期之前，都要达到一定的基础膘度。

● 2. 半放牧、半舍饲肥育 ●

在马属动物中，驴的放牧能力较差。但是，如有良好的豆科－禾本科人工牧地，驴能进行短期的强度放牧肥育，使其达到中等的膘度，那么再经过短期的 30 ~ 50 天的舍饲肥育，这样不仅节约了成本，而且可以取得良好的肥育效果。

● 3. 农户的小规模化肥育 ●

在农村有些地方以出售老残和架子驴居多。对于有条件的养殖户可就地收购肥育，这样可减少外来驴由于条件的改变而产生的应激和换料的不适，缩短肥育时间、提高经济效益。驴群可大可小，一年可分批肥育几批驴。

● 4. 集约化肥育 ●

集约化肥育是肉用驴肥育的发展方向。其特点是要建设专门化的养驴场，进行大规模集约化生产，通过机械化饲喂和清粪，大大提高劳动生产率。这种肥育方式，要求在厩舍内将不同类型的驴分成若干小群，进行散放式管理，小群间的挡板为移动式的，有利于适应驴群数量的变化和机械清理粪便。炎热季节肥育驴可在敞圈或带棚的圈里，冬季应在厩舍里。肥育场和厩舍小圈内都设有自动饮水器和饲槽。厩舍地面硬化，给料由移动式粗料分送机和粉状配合饲料分送机完成。出粪由悬挂在拖拉机上的推土铲完成。要求同批肥育的驴（50 ~ 100 头），且有一致的膘度。驴驹的肥育应单独组群。接受肥育前，要对驴进行检查、驱虫、称重确定膘度，然后对驴号、性别、年龄和膘度进行登记。把育肥效果差的驴（如老龄、胃肠疾病和伤残等）在预饲期开始的 10 ~ 15 天中查明原因，剔出肥育群，再进行集中肥育。剔出肥育群驴经合理饲养后屠宰。

● 5. 自繁自养式肥育 ●

集驴的繁育和肥育为一体。小规模的零星养殖户可采用这种方式，现代化大规模生产也可采用。现代化大规模生产需要形成一个完整的体系，要有肉驴的育种场、繁殖场、肥育场等，各负其责，不仅便于肉用驴专门化品系的选择、提高，也利于驴肉的高质量的标准化生产和效益进一步提高。

● 6. 异地肥育 ●

异地肥育是指在自然和经济条件不同地区分别进行驴驹的生产、培育和架子驴的专业化肥育。这可以使驴在半牧区或产驴集中而经济条件较差的地区，充分利用当地的饲草、饲料条件，将驴驹饲养到断奶或 1 岁以后，再转移到精饲料条件好的农区进行短期强度肥育后出售或屠宰。

异地肥育驴的选购，要坚持就近的原则，可减少驴的应激反应，减少体重消耗和运输费用，异地肥育驴的运输要注意安全，可根据不同的远近距离确定运输工具（即汽车、火车及船等）。对于近距离可以赶运。

运输时应注意以下事项。

（1）切实做好并落实运输前的一切准备工作。

（2）预防运输中应激反应。育肥驴在运输过程中，不论是赶运，还是车辆运输，都会因生活条件及规律的剧烈改变而造成应激反应，即驴的生理活动的改变。减少运输过程中的应激，是育肥驴运输的主要环节，必须予以重视。常用的措施有如下几点。

①口服或注射维生素 A。运输前 2～3 天开始。每匹驴每

天口服或注射维生素 A 25 万～100 万国际单位。

②注射氯丙嗪。在装运前，肌内注射 2.5% 的氯丙嗪，每 100 千克体重剂量为 1.7 毫升，此法在短期运输中效果较好。

③装运前合理饲喂。装运前 3～4 小时应停止喂饲具有轻泻性的饲料。装运前 2～3 小时，不要过量饮水。

④赶运或装运过程中，切忌任何粗暴行为或鞭打。

⑤合理装载。如用汽车装载。每匹驴根据体重大小应占一定面积，大致为 1.5～1.8 平方米。

驴运到目的地后，要安置在清洁、清静的处所，加强饮水管理，防止在运途过程饥渴见水暴饮而受伤害，投给优质干草。管理上要加强观察、细心照料，消除运输途中造成的影响。

对异地肥育驴，应注意必须从非疫区引入，经兽医部门检疫，并且有检疫证明，对购入的驴最好要在装车前进行全身消毒和驱虫后方可引入场内。进场后仍应隔离于 200～300 米以外的地方，继续观察 1 个月左右，进一步确认健康后，再并群肥育。

异地肥育的好处是它可以缓解产驴集中的地区肉驴出栏时间长，精料不足、肥育等级低、经济效益低等问题和矛盾，可以加快驴的周转速度，搞活地区经济。

三、不同类型驴的育肥方案

通过驴的育肥，不仅可以增加驴体重，而且可以改善肉质（肌间脂肪含量增加，驴肉的大理石状花纹明显，肉的嫩度、多汁性及香味都有所改善），增加收益。为了尽快地肥育，饲喂的营养物质必须高于维持和正常生长发育的需要。在不影响正常消化吸收的前提下，在一定范围内，给肥育驴的营养物质越多，所获得的日增重就越高，并且每单位增重所耗的饲料也越少，出栏时间越提前。如果希望获得含脂肪少的驴肉，则肥育前期日粮能量水平不能过高，而蛋白质数量应充分满足，到肥育后期再将能量水平提高一些，否则将会获得含脂肪过多的驴肉。

● 1. 驴驹的肥育 ●

驴驹的年龄一般在 1~1.5 岁，这时是驴驹生长发育的一个高峰。肉用驴驹多为超过驴群补充和种驴出售计划的那部分驴驹。作为肉用，驴驹的选择除要重视其遗传因素外，还要注意这些驴驹均应受到后天良好的培育。一般来说，中、小型驴因为驴驹绝对生长低、体重小、产肉量少而不主张此时肥育。

驴驹肥育时间为 50~80 天，日粮可消化粗蛋白质水平应在 16%~18%。这一时期驴驹增重的主要部分是肌肉、内脏和骨骼。应给驴驹优质的饲草、饲料，日采食干物质总量应占体重的 2% 以上。饲养上如不能做到自由采食，每天应比成年驴增加 1~2 次饲喂次数。

幼驴育肥是否成功，取决于育肥驴本身生产性能、育肥期的饲养管理技术、饲养和环境条件、市场需求的质与量以及经营者的决策水平。

幼驴育肥时育肥前期日粮以优质精料、干粗料、青贮饲料、糟渣类饲料为主，育肥后期适当提高优质精料的比例，

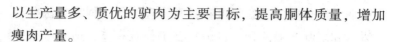

以生产量多、质优的驴肉为主要目标，提高胴体质量，增加瘦肉产量。

幼驴育肥在设计增重速度时，要考虑三个方面，即胴体脂肪沉积适量、胴体体重较大和饲养成本低。品种不同，设计的增重速度也要不同。

幼驴育肥时应群养，无运动场，自由采食，自由饮水，圈舍应每日清理粪便 1 次，及时驱除内外寄生虫，防疫注射，采用有顶棚、大敞口的圈舍或者采用塑料薄膜暖棚圈技术。及时分群饲养，保证驴生长发育均匀，及时变换日粮，对个别贪食的驴限制采食，防止脂肪沉积过度，降低驴肉品质。

养初生驴驹除了按正常的方法饲喂外，一般在 15 日龄开始训练其吃精料，可用玉米、大麦、燕麦等磨成面，熬成稀粥加上少许糖诱其采食。

育肥前进行驱虫健胃，驴入栏稳定 2 ~ 3 天后即可进行驱虫健胃。用虫克星驱除驴的体内寄生虫，其粉剂口服的用量为每千克体重 0.1 克，针剂皮下注射的用量为每千克体重 0.2 毫升。健胃通常在驱虫 3 天后进行，给每头驴口服人工盐 60 ~ 100 克或口服健胃散 450 克。

● **2. 青年架子驴的肥育（高、中档驴肉的生产）** ●

这种驴的年龄为 1.5 ~ 2.5 岁。肥育期一般为 5 ~ 7 个月。2.5 岁以前肥育应当结束，形成大理石状或雪花状的瘦肉，肉质较好。饲养要点如下。

（1）过渡适应期。除自繁自养的驴外，对新引入的青年架子驴，因长途运输和应激强烈，体内严重缺水，所以要注意水的补充，投以优质干草，2 周后可恢复正常。对这些驴要按强弱大小分群，注意驱虫和日常管理工作。饲喂方法分自由采食和限制饲喂两种，自由采食工作效率高，适宜于机械化管理，但不易控制驴的生长速度；限制饲喂饲料浪费少，能有效控制驴的生长，影响驴的生长速度，总的来说，自由采食法比限制采食法理性，也是今后肉驴饲养的方向。

（2）生长肥育期。重点是促进架子驴的骨骼、内脏、肌肉的生长。要饲喂富含蛋白质和矿物质、维生素的优质饲料，使青年驴保持良好生长发育的同时，消化器官得到充分发育。此阶段能量饲料要限制饲喂，肥育时间为 2 ~ 3 个月。

（3）成熟肥育期。这一阶段饲养任务主要是改善驴肉品质，增加肌肉纤维间脂肪的沉积量。日粮中粗饲料比例不宜超过30% ~ 40%，饲料要充分供给，以自由采食效果较好。肥育时间为 3 ~ 4 个月。

● 3. 成年架子驴的肥育 ●

这种驴指的是年龄超过 3 ~ 4 岁，淘汰的公母驴和役用老残驴。这种驴肥育后肉质不如青年驴肥育后的肉质，脂肪含量高。饲料报酬和经济效益也较青年驴差，但经过肥育后，经济价值和食用价值还是得到了很大改善。

架子驴的快速肥育，要加强饲养管理。肥育时间在 65 ~ 80 天。可分为 3 段管理。

（1）过渡驱虫阶段。需经 15 天左右，此期间，其一，将肥育的驴按体质、体重、健康状况相近的架子驴分并成不同群，以便饲养管理；其二，让肥育的驴相互熟悉、了解环境，减少应激反应，逐渐恢复正常；其三，要观察驴群的状态，防止咬斗；还要观察个体健康状态，对驴群进行健康检查，实行健胃、驱虫，对公驴要实行去势等；其四，要注意优质草料的投给，饮水要科学，在喂草料时切忌饮水，一定要在饲喂草料以外的时间给以饮水。此期间要以粗料为主，精料少投为辅。

（2）肥育前阶段（肥育前期）。时间 50 天左右（45~60 天），此期为肥育肉驴的关键阶段。要限制运动，日粮可消化蛋白质水平要提高到 13%~15%，粗精料比例为 6:4 左右；以后逐渐调整增加精料的比例，减少粗精比例。这阶段主要调整肥育驴对精料的逐渐适应能力，要防止消化不适、肚胀、腹泻，要避免粗精比例相等的情况出现，时间太长，影响消化率。本阶段主要是使粗精比例倒转为 4:6，为肥育后期打好基础。

（3）肥育后阶段（肥育后期）。一般为 20 天左右，目的是通过增加肌肉纤维之间的脂肪沉积量，来改善肉驴肉的品质，使之形成大理石状花纹的瘦肉。本阶段为强度肥育期，日粮浓度和数量均增加，尽量增加肉驴的采食量；精料比例可增加至 70%~85%。同时，根据情况也可适当增加饲喂次数，以达到快速增重的目的。

● 4. 阉驴的育肥 ●

阉驴是指非种用的公驴或杂种驴在 1.5 岁左右阉割后的肉用驴。阉驴育肥日增重快，饲料报酬高，育肥后的肉质好。阉驴育肥常用的方法有：精料型模式、前粗后精模式、糟渣类饲料育肥模式和放牧育肥模式。

（1）精料型模式。以精料为主，粗料为辅。该模式可扩大育肥规模，便于多养，可满足市场不同档次的需要，同时要克服饲料价格、架子驴价格、技术水平和屠宰分割技术等限制因素。

（2）前粗后精模式。前期多喂粗饲料，精料相对集中在育肥后期。这种育肥方式常常在生产中被采用，可以充分发挥驴补偿生长的特点和优势，获得满意的育肥效果。在前粗后精型日粮中，粗饲料是肉驴的主要营养来源之一，因此，要特别重视粗饲料的饲喂。将多种粗饲料和多汁饲料混合饲喂效果较好。前粗后精育肥模式中，前期一般为 150 ~ 180 天，粗饲料占 30% ~ 50%；后期为 8 ~ 9 个月，粗饲料占 20%。

（3）糟渣类饲料育肥模式。糟渣类饲料在鲜重状态下具有含水量高，体表面积大，营养成分含量少，受原辅料变更影响大，不易贮存，适口性好，价值低廉等特点，是城郊肉驴饲养业中粗饲料的一大来源，合理应用，可以大大降低肉驴的生产成本。糟渣类饲料可以占日粮总营养价值的 35% ~ 45%。利用糟渣类饲料饲喂肉驴时应当注意：不宜把糟渣类饲料作为日粮的唯一粗饲料，应和干粗料，青贮料配合；长期使用白酒糟时日粮中应补充维生素 A，每头每日 1 万 ~ 10 万国际单位；糟渣类饲料与其他饲料要搅拌均匀后饲喂；糟渣类饲料应新鲜，若需贮藏，以窖贮效果为好，发霉变质的糟渣类饲料不能用于饲喂。各种糟渣因原料不同、生产工艺不同和水分不同，其营养价值差异很大，长期固定饲喂某种糟渣时，应对其所含主要营养物质进行测定。

（4）放牧育肥模式。育肥驴的营养来源以牧草为主，在枯草季节适当补饲精料。实行放牧育肥的前提条件是要有广阔的草地，能提供驴生长所需的大部分营养。在我国主要适合于草原地区或部分丘陵地区。其优点是成本低，劳动力消耗少，无需考虑粪便污染。缺点是营养难以控制，肥育时间长。放牧育肥既要做好组织工作，也要做好技术工作：①合理分群，以草定群。一般 30～50 头为一群较好。不同体重驴要求草场的面积不同，要根据体重合理配置。②合理放牧，南方地区可全年放牧育肥，北方可在每年 5～11 月份作为放牧育肥期。放牧的最好季节是牧草结籽期，每天应不少于 12 小时放牧，至少补水 1 次，同时注意补盐。③放牧育肥驴要定期驱虫、防疫。④放牧期，夜间应补饲适量混合精料，每天补给精料量为育肥驴活重的 1%～1.5%，补饲后要保证饮水。

四、驴产肉性能指标

肉用驴产肉性能主要考虑以下屠宰指标。

（1）宰前活重。指绝食 24 小时后临宰的实际体重。

（2）胴体重。实测重量。指宰后除去血、皮、内脏（不含肾脏和肾脂肪）、头、腕跗关节以下的四肢、尾和生殖器官及周围脂肪后的冷却胴体重。

（3）屠宰率。指胴体重占宰前活重的比例。

（4）净肉重。胴体剔骨后全部肉重（包括肾脏等胴体脂肪）。

（5）眼肌面积。指 12 肋骨后缘眼肌的面积。

（6）熟肉率。取腿部肌肉 1 千克，在沸水中煮沸 2 小时，测定生熟肉之比。

第七章　肉驴常见病诊治与预防

　　肉驴疫病的防控是肉驴生产正常进行的基本保证。肉驴与其他家畜相比，其抗病力较强，患病率较低，但随着饲养数量的增多和饲养密度的加大，如果饲养条件较差，疫病的易感性可能增加，引起疫病的流行，给肉驴养殖业带来损失。因此，肉驴养殖场必须高度重视驴病防控，保证肉驴生产安全、顺利地进行。

第一节　驴病的预防

　　驴病的预防措施很多，但最重要的有三条：一是驴场和圈舍的建设要科学合理；二是增强驴的抗病能力；三是消灭传染病来源和传染媒介。"预防为主、防重于治"是驴病防治的总方针，生产实践中，驴病的预防应注意以下几个方面。

一、圈舍及环境卫生

　　驴场的选址和圈舍的建设，要符合家畜环境卫生学的要求。良好的环境条件，才能减少传染病的侵袭，才能加强驴体对疾病的抵抗能力，有利于它本身的生长发育。因此，驴场应选在地势较高、干燥，水源清洁方便，远离屠宰场、牲畜市场、收购站、畜产品加工厂以及家畜运输往来频繁的道路、车站、码头，并与居民区保持一定的距离，以避免传染源的污染。

驴要有良好的圈舍和运动场，冬季能防寒，夏季能防暑。驴耐寒性较差，在寒冷地区，防寒显得格外重要。厩床要平坦、干燥，厩舍采光要好。运动场要宽敞、能排水，粪尿要能及时清除。

饲料要清洁卫生，品质优良（多种多样，精、粗、多汁饲料合理搭配，满足各种驴的营养需要）。水源要清洁，水质要好。

二、及时清扫和定期预防消毒

每天数次清扫粪尿，并堆积发酵，消灭寄生虫卵。对圈舍墙壁，每年用生石灰刷白，饲槽、水槽、用具、地面定期消毒，每年不少于 2 次。

三、做好检疫工作，以防传染源扩散

在引进种驴、采购饲料和畜产品时，一定要十分注意，不可从疫区输入。对外地新进的种驴，应在隔离厩舍内隔离饲养 1 个月左右，经检疫健康者，才可合群饲养。

四、实施预防接种，防止传染病流行

预防接种应有的放矢。要摸清疫情，选择有利时机进行。例如，春季对驴进行炭疽芽孢菌疫苗的预防注射，以预防炭疸病；用破伤风类毒素疫苗定期预防注射，以预防破伤风等。此外，还应向群众广泛宣传防疫的重要意义。

五、定期驱虫

目前大多采用伊维菌素注射液（即内外虫螨净）进行防治畜禽体内外寄生虫病，效果较好。①用法用量：皮下注射量为 0.02~0.03 毫升；口服量为 0.03~0.04 毫升；外用按口服剂量涂擦患部，治疗螨病、癣病等。②只注射一次长期维持驱虫效果。③孕畜可用用量减半。④严禁大剂量使用。⑤含量规格为 5 毫升伊维菌素 50 毫克（5 万单位）。⑥休药期：7 天。⑦适应症：线虫、蛔虫、蛲虫、钩虫、旋毛虫、丝虫、肝片吸虫、姜片吸虫、脑多头幼虫、鼻蝇虫等内寄生虫病和螨、蜱、虱、蝇类幼虫等外寄生虫病。

第二节　肉驴健康检查和给药方法

一、肉驴健康检查

肉驴健康检查与其他家畜一样，即采用中兽医的望、闻、问、切和现代兽医学的视、触、听、叩及化验检查和仪器诊断等（凡兽医临床诊断学方面的有关知识和方法，均可应用）。这里重点介绍驴病的特点和健康驴与异常驴的行为表现，以便及早发现疾病，及时治疗。

● 1. 驴病的特点 ●

驴与马是同属异种动物，因此驴的生物学特性及生理结构与马基本相似，但它们之间又有很大的差异，故在疾病的表现上也有不同。

驴所患疾病的种类，不论内科、外科、产科、传染病和寄生虫等病均与马相似，如常见的胃扩张、便秘、疝痛、腺疫等。由于驴的生物学特性所决定，其抗病能力、病理变化及症状等方面又独具某些特点。例如，疝痛的临床表现，马表现得十分明显，特别是轻型马，而驴则多表现缓和，甚至不显外部症状。驴对鼻疽敏感，感染后易引起败血症或脓毒败血症，而对传染型贫血有着较强的抵抗力。驴和马在相同情况下，驴不患日射病和热射病（而马不然）。当然，驴还有一些独特的易患的特异性疾病。

因此，在诊断和治疗驴病时，必须加以注意，不能生搬硬套马病的治疗经验，而应针对驴的特性加以治疗。

● 2. 健康驴行为表现 ●

不管平时还是放牧中，总是两耳竖立，活动自如，头颈高昂，精神抖擞。特别是公驴相遇或发现远处有同类时，则昂头凝视，大声鸣叫，跳跃并试图接近。健康驴吃草时，咀嚼有力，格格发响，如有人从槽边走过，鸣叫不已。健康驴的口色鲜润，鼻、耳热度温和，粪球硬度适中，外表湿润光亮，新鲜时草黄色，时间稍久变为褐色。被毛光润。时而喷动鼻翼，即打"吐噜"。俗话说"驴打吐噜牛倒沫，有病也不多"，这些都是健康驴的表现。

● 3. 异常驴行为表现 ●

驴对一般疾病有较强的耐受力，即使患了病也能吃些草、喝点水，若不注意观察，待其不吃不喝、饮食欲废绝时，病就比较严重了。判断驴是否正常，还可以从平时吃草、饮水的精神状态和鼻、耳的温度变化等方面进行观察比较。驴低头耷耳，精神不振，鼻、耳发凉或过热，虽然吃点草，但不喝水，说明驴已患病，应及早诊治。

饮水的多少对判断驴是否有病具有重要的意义，驴吃草少而喝水不少，可知驴无病；若草的采食量不减，而连续数日饮水减少或不喝水，即可预知该驴不久就要发病。如果粪球干硬，外被少量黏液，喝水减少，数日后可能要发生胃肠炎。饲喂中出现异嗜，时而啃咬木桩或槽边，喝水不多，精神不减，则可能发生急性胃炎。

驴虽一夜不吃，退槽而立，但只要鼻、耳温和，体温正常，可视为无病，黎明或翌日即可采食，饲养人员称之为"瞪槽"。驴病发生常和天气、季节、饲草更换、草质、饲喂方式等因素密切相关。因此，一定要按照饲养管理的一般原则和不同生理状况对饲养管理的不同要求来仔细观察，才能做到"无病先防，有病早治，心中有数"。

二、病驴的给药方法

● 1. 口服 ●

口服给药是治疗驴病最基本也最常用的方法。口服药物经胃肠吸收后作用于全身，或停留在胃肠道上发挥局部作用。其优点是操作比较简便，缺点是受胃肠内容物的影响较大，吸收不规则，显效慢。口服给药由于治疗药物有水剂、丸剂、舔剂之别，其投药方法亦有所不同，现分别介绍如下。

（1）水剂投入法。将胃管经鼻腔或口腔缓慢准确地插入食管中。若经口腔插入时，需先给驴口腔内装上一只中央有一个圆孔的木制开口器，然后，将胃管由开口器中央的圆孔缓慢插入食管。为检验胃管是否插入食管，可将胃管的体外端浸入一盛满清水的盆中，若水中不见气泡即可证实胃管插入无误。若水中随着驴的呼吸动作而冒着大量气泡则说明胃管误插入气管，这时应将胃管拔出重新插入。

此外，也可通过人的嗅觉和听觉，从胃管的体外端予以鉴别。如闻到胃内容物酸臭味则说明已插入食管。如听到呼吸音或发出空嗽声则说明误插入气管，需更新插入。经检查确实无误后，将胃管的体外端接上漏斗，然后将药液倒入漏斗，高举漏斗过驴头，药液即自行流入胃内。药液灌完后。随即倒入少量清水，将胃管中药液冲下，拔出漏斗，再缓慢抽出胃管即可。若又患有咽炎的病驴则不宜使用此法，以免因胃管的刺激而加重病情。此外，还可用橡皮灌药瓶或长颈啤酒瓶通过口腔直接将药液灌入。方法是由助手固定驴头，灌药者以左手打开口腔，右手持药瓶将药液缓慢倒入口中。这种方法简便易行。一般人员都能掌握。

（2）丸剂投入法。固定驴头，投药者一手将驴舌拉出，一手持药丸，并迅速将药丸投到舌根部，同时立即放开舌头，抬高驴头，使之咽下。若用丸剂投药器投药时，则需配一助手协助。

（3）舔剂投入法。固定头部，投药者打开口腔并以一手拉出驴舌，另一手持竹片或木片将舔剂迅速涂于舌根部，随后立即放开驴舌，再抬高驴头，使之咽下。

（4）糊剂投入法。牵引驴鼻环或吊嚼，使驴头稍仰，投药者一手打开口腔，一手持盛有药物的灌角（驴角制的灌药器）顺口角插入口腔，送至舌面中部，将药灌下。

● **2. 注射** ●

注射给药是临床治疗中常用的方法，注射前必须仔细检查注射器有无缺损，针头是否通畅、有无倒钩，活塞是否严密，并将针头、注射器用清水充分冲洗，再煮沸消毒后备用。注射部位需剪毛，局部消毒。通常先用 5% 碘酊涂擦。再用 70% 酒精棉球脱碘，同时还应检查注射药物有无变质、失效，两种以上药物同时应用有无配伍禁忌等。然后注射者将自己的手指及药瓶表面或铝盖表面用药棉消毒，打开药瓶后，将针头插入药瓶抽取药液，排除针管内空气后即可施行注射。兽医于临床工作中可根据治疗需要和药剂性能分别采用皮下注射法、皮内注射法、肌内注射法、静脉注射法、气管内注射法、乳腺内注射法及腹腔内注射法等。其优点是吸收快而完全，剂量准确，可避免消化液的破坏。

（1）皮下注射法。对于易溶解无刺激性的药物或希望药物较快吸收，尽快产生药效时均可用皮下注射法。选择皮下组织丰富，皮肤易于移动的部位。一般都选择颈部皮下作为注射部位。将皮肤提起，将针头与畜体呈 30°角斜向内下方刺入 3～4 厘米时注入药物。药液注入后拔出针头，并用酒精棉球按压针孔片刻即可。

（2）皮内注射法。驴结核菌素皮内反应检疫、炭疽芽孢苗免疫注射常用此法。注射部位在颈侧。有时在尾根。一手捏起皮肤。另一手持针管将针头与皮肤呈 30°角刺入表皮与真皮之间。缓慢注入药液，以局部形成丘疹样隆起为准。

（3）肌内注射法。这是临床治疗中最常用的给药方法。肌肉内血管较丰富，感觉神经较少，药液吸收较快。疼痛较轻，常用于有刺激性的药物或较难吸收的药物注射。注射部位多选择肌肉丰满的颈侧和臀部。先将针头垂直刺入肌肉内 2~4 厘米（视驴体大小和肌肉丰满程度而定）。然后接上注射器。抽提活塞不见回血即可注入药液，注射后拔出针头。注射前、后局部均涂以碘酊或酒精于以消毒以防感染。

（4）静脉注射法。对刺激性较大的注射液，抑或必须使药液迅速见效时，多采取静脉注射法，如氯化钙、补液等。静脉注射给药时，对注射器具的消毒更为严格，对药物的要求要绝对纯净，如见有沉淀或絮状物则绝对停止使用。

注射部位多在颈侧的上 1/3 与中 1/3 交界处的颈静脉沟的颈静脉内。注射前先将注射器或输液管中的空气排尽，注射时，以左手按压注射部位的下部，使颈静脉怒张，右手持针与静脉管呈 45°角刺入，见回血后将针头沿血管向内深插。固定好针头，接上注射器或输液管即可缓慢注入药液，注射完毕，用药棉压住针孔，迅速拔出针头，并按压针头片刻，以防出血，最后涂以碘酊。

● 3. 局部用药 ●

目的在于引起局部作用，如涂擦、撒布、喷淋、滴入（眼、鼻）等，都属于皮肤、黏膜局部用药。刺激性强的药物不宜用于黏膜。

● 4. 群体给药法 ●

为了预防或治疗驴群传染病和寄生虫病，促进驴发育、生长等，常常对驴群体施用药物。常用方法有混饲给药、混水给药、气雾给药、药浴和环境消毒等。

第三节　肉驴常见病症状、用药及防治

一、常见消化系统疾病的防治

● 1. 口炎 ●

口炎是驴口腔黏膜表层或深层组织的炎症。

【症状】临床上以流涎和口腔黏膜潮红、肿胀或溃疡为特征。按炎症的性质分为卡他性、水疱性和溃疡性 3 种。卡他性和溃疡性口炎是驴的常发病。

卡他性（表现黏膜）口炎，是由于麦秸和麦糠饲料中的麦芒机械刺激而引起的。此外，如采食霉败饲料，饲料中维生素 B_2 缺乏等也可导致发生此病。表现为口腔黏膜疼痛、发热、口腔流涎，不敢采食。检查口腔时，可见颊部、硬腭及舌等处有大量麦芒透过黏膜扎入肌肉。

溃疡性口炎主要发生在舌面，其次是颊部和齿龈。初期黏膜层肥厚粗糙，继而黏膜层多处脱落，呈现长条或块状溃疡面，流黏涎，食欲减退。多发生于秋季或冬季。幼驴多于成年驴。

【治疗】首先应消除病因，拔去口腔黏膜上的麦芒等异物，更换柔软饲草，修整锐齿等。治疗时可用 1% 盐水、或

2%～3% 硼酸、或 2%～3% 碳酸氢钠、或 0.1% 高锰酸钾、或 1% 明矾、或 2% 龙胆紫、或 1% 磺胺乳剂、或碘甘油（5% 碘酊 1 份，甘油 9 份）等冲洗口腔或涂抹溃疡面。

● 2. 咽炎 ●

它是咽部黏膜及深层组织的炎症。临床上以吞咽障碍，咽部肿胀、敏感，流涎为特征。驴常见。引起咽炎的主要原因是机械性刺激，如粗硬的饲草、尖锐的异物，粗暴地插入胃管，或马胃蝇寄生。吸入刺激性气体以及寒冷的刺激，也能引发此病。另外，在腺疫、口炎和感冒等病程中，也往往继发咽炎。

【症状】由于咽部敏感、疼痛，驴的头颈伸展，不愿活动。口内流涎，吞咽困难，饮水时常从鼻孔流出。触诊咽部敏感，并发咳嗽。

【治疗】加强病驴护理。喂给柔软易消化的草料，饮用温水，圈舍通风保暖。咽部可用温水、白酒温敷，每次 20～30 分钟，每日 2～3 次。也可涂以 1% 樟脑醋、鱼石脂软膏，或用复方醋酸铅散（醋酸铅 10 克，明矾 5 克，樟脑 2 克，薄荷 1 克，白陶土 80 克）外敷。重症可用抗生素或磺胺类药物。

【预防】加强饲养管理，改善环境卫生，特别防止受寒感冒。避免给粗硬、带刺和发霉变质的饲料。投药时不可粗暴，发现病驴立即隔离。

● 3. 食管梗死 ●

由于食管被粗硬草料或异物堵塞而引起。临床上以突然发病和咽下障碍为特征。本病多发于驴抢食或采食时突然被驱赶而吞咽过猛所造成，如采食胡萝卜、马铃薯、山芋等时易发生。

【症状】驴突然停止采食，不安，摇头缩颈，不断有吞咽动作。由于食管梗死，后送障碍，梗死前部的饲料和唾液，不断从口鼻逆出，常伴有咳嗽。外部视诊，如颈部食管梗死，可摸到硬物，并有疼痛反应。胸部食管梗死，如有多量唾液蓄积于梗死物前方食道内，则触诊颈部食管有波动感，如以手顺次向上推压，则有大量泡沫状唾液由口、鼻流出。

【治疗】迅速除去阻塞物。若能摸到，可向上挤压，并牵动驴舌，即可排出。也可插入胃管先抽出梗死部上方的液体，然后灌服液状石蜡200～300毫升。或将胃管连接打气筒，有节奏打气，将梗死物推入胃中。阻塞物小时，可灌适量温水，促使其进入胃中。民间治疗此病，是将缰绳短拴于驴的左前肢系部，然后驱赶驴往返运动20～30分钟，借颈肌的收缩，常将阻塞物送入胃中。

【预防】饲喂要定时定量，勿因过饥抢食。如喂块根、块茎饲料，一是要在吃过草以后再添加；二是将块根、块茎切成碎块再喂。饼粕类饲料饲喂要先粉碎、泡透，方可饲喂。

● 4. 疝痛性疾病 ●

这是一种以腹痛为主的综合征。中兽医称起卧症。临床上真性疝痛主要是指肠便秘（肠秘结、肠阻塞）、急性胃扩张、急性肠鼓气、肠痉挛、肠变位等。至于其他带有腹痛症状的许多疾病，如急性胃肠炎、流产等引起的假性疝痛，不属于本病范围。疝痛在驴的消化道疾病中，发病率较高，约占驴病的1/3，若治疗不及时或不当，死亡率也较高，经济上会造成重大损失。

● 5. 肠便秘 ●

亦称结症。是由肠内容物阻塞肠道而发生的一种疝痛。因阻塞部位不同分为小肠积食和大肠便秘。驴以大肠便秘多见，占疝痛90%。多发生在小结肠、骨盆弯曲部，左下大结肠和右上大结肠的胃状膨大部，其他部位如右上大结肠、直肠、小肠阻塞则少见。

【症状】小肠积食，常发生在采食中间或采食后4小时，患驴停食，精神沉郁，四肢发软欲卧，有时前肢刨地。若继发胃扩张，则疼痛明显。因驴吃草较细，临床少见此病。

大肠便秘，发病缓慢，病初排便干硬，后停止排便，食欲退废。病驴口腔干燥，舌面有苔，精神沉郁。严重时，腹痛呈间歇状起伏，有时横卧，四肢伸直滚转。尿少或无尿，腹胀。小肠、胃状膨大部阻塞时，大都不胀气，腹围不大，但步态拘谨沉重。直肠便秘，病驴努责，但排不出粪，有时有少量黏液排出。尾上翘，行走摇摆。

本病多因饲养管理不当和气候变化所致，如长期喂单一麦秸，尤其是半干不湿的红薯藤、花生秧，最易发病。饮水不足也能引发此病。喂饮不及时，过饥过饱、饲喂前后重役，突然变更草料，加之天气突变等因素，使机体一时不能适应，引起消化功能紊乱，也常发生此病。

【治疗】首先应着眼于疏通肠道，排除阻塞物。其次是止痛止酵，恢复肠蠕动。还要兼顾由此而引起的腹痛、胃肠臌胀、脱水、自体中毒和心力衰竭等一系列问题。要根据病情灵活地应用通（疏通）、静（镇静）、减（减压）、补（补液和强心)、护(护理)的综合治疗措施。而实践中,从直肠入手,隔肠破结,是行之有效的方法。

直肠减压法。采用按压、握压、切压、捶结等疏通肠道的办法,可直接取出阻塞物。该操作术者一定要有临床经验,否则易损伤肠管。

内服泻剂。小肠积食可灌服液状石蜡 200~500 毫升,加水 200~500 毫升。大肠便秘可灌服硫酸钠 100~300 克,以清水配成 2% 溶液 1 次灌服;或灌服食盐 100~300 克,亦配成 2% 溶液;亦可服敌百虫 5~10 克,加水 500~1000 毫升。在上述内服药物中加入大黄末 200 克,松节油 20 毫升,鱼石脂 20 克,可制酵并增强疗效。

深部灌肠。用大量微温的生理盐水 5000~10000 毫升,直肠灌入。用于大肠便秘,可起软化粪便、兴奋肠管、利于粪便排出作用。对该病预防应针对以上的问题进行。

● 6. 急性胃扩张 ●

驴的常见继发肠便秘形成的胃扩张,因贪食过多难以消化和易于发酵草料而继发的急性胃扩张,极少见到。

【症状】发生胃扩张后,病驴表现不安,明显腹痛,呼吸急促,有时出现逆呕动作或犬坐姿势。腹围一般不增大,肠音减弱或消失。初期排少量软粪,以后排便停止。胃破裂后,病驴忽然安静,头下垂,鼻孔开张,呼吸困难。全身冷汗如雨,脉搏细微,很快死亡。驴由于采食慢,一般很少发生胃破裂。本病的诊断以插入胃管后可排除不同数量的胃内容物为诊断特征。

【治疗】采用以排除胃内容物、镇痛解痉为主,以强心补液、加强护理为辅的治疗原则。先用胃管将胃内积滞的气体、液体导出，并用生理盐水反复洗胃。然后内服水合氯醛、酒精、甲醛温水合剂。在缺少药物的地方，可灌服醋、姜、盐合剂（分别为100毫升，40克和20克）。因失水而血液浓稠、心脏衰弱时，可强心补液，输液2000~3000毫升。对病驴要专人护理，防止因疝痛而造成胃破裂或肠变位。适当牵遛有助于病体康复。治愈后要停喂1日，以后再恢复正常。

●7. 胃肠炎 ●

它是指胃肠黏膜及其深层组织的重剧炎症。驴的胃肠炎，各地四季均可发生。主要是饲养管理不当，过食精料，饮水不洁，长期饲喂发霉草料、粗质草料或有毒植物造成胃肠黏膜的损伤、胃肠功能的紊乱。用药不当，如大量应用广谱抗生素，尤其是大量使用泻剂，都易发生胃肠炎。此病的急性病例死亡率较高。

【症状】病的初期，出现似急性胃肠卡他的症状，而后精神沉郁，食欲废退，饮欲增加。结膜发绀，齿龈出现不同程度的紫红色。舌面有苔，污秽不洁。剧烈的腹痛是其主要症状。粪便酸臭或恶臭，并带有血液和黏液。有的病驴呈间歇性腹痛。体温升高，一般为39~40.5℃。脉弱而快。眼窝凹陷，有脱水现象，严重时发生自体中毒。

【治疗】根本的环节是消炎。为排除炎症产物要先缓泻，才能止泻。为提高疗效，要做到早发现、早诊断、早治疗，加强护理，把握好补液、解毒、强心相结合的方法。治疗的原则是抑菌消炎，清理胃肠，保护胃肠黏膜，制止胃肠内容物的腐败发酵，维护心脏功能，解除中毒，预防脱水和增加病驴的抵抗力。病初用无刺激性的泻药，如液状石蜡 200～300 毫升缓泻；肠道制酵消毒，可用鱼石脂 20 克，克辽林 30 克；杀菌消炎用磺胺类或抗生素；保护肠黏膜可用淀粉糊、次硝酸铋、白陶土；强心可用安钠咖、樟脑；抗自体中毒，可用碳酸氢钠或乳酸钠，并大量输入糖盐水，以解决缺水和电解质失衡问题。

　　本病预防关键在于注意饲养管理，不喂变质发霉饲草、饲料。饮水要清洁。

● 8. 新生驹胎粪秘结 ●

　　为新生驴驹常发病。主要是由于母驴妊娠后期饲养管理不当、营养不良，致使新生驴驹体质衰弱，引起胎粪秘结。

　　【症状】病驹不安，拱背，举尾，肛门突出，频频努责，常呈排便动作。严重时疝痛明显，起卧打滚，回视腹部和拧尾。久之病驹精神不振，不吃奶，全身无力，卧地，直至死亡。

　　【治疗】可用软皂、温水、食油、液状石蜡等灌肠，在灌肠后内服少量双醋酚酊，效果更佳。也可给予泻剂或轻泻剂，如液状石蜡或硫酸钠（严格掌握用量）。在预防上，应加强对妊娠驴的后期饲养管理。驴驹出生后，应尽早吃上初乳。

● 9. 驴驹腹泻 ●

　　该病是一种常见病，多发生在驴驹出生 1～2 个月内。病驹由于长期不能治愈，造成营养不良，影响发育，甚至死亡，危害性大。本病病因多样，如给母驴过量蛋白质饲料，造成乳汁浓稠，引起驴驹消化不良而腹泻。驴驹急吃使役母驴的热奶，异食母驴粪便，以及母驴乳房污染或有炎症等原因，均可引起腹泻。

【症状】主要症状为腹泻，粪稀如浆。初期粪便黏稠色白，以后呈水样，并混有泡沫及未消化的食物。患驹精神不振、喜卧，食欲消失，而体温、脉搏、呼吸一般无明显变化，个别的体温升高。

如为细菌性腹泻，多数由致病性大肠杆菌所引起。病驹症状逐渐加重，腹泻剧烈，体温升高至40℃以上，脉搏疾速，呼吸加快。结膜暗红，甚至发绀。肠音减弱，粪便腥臭，并混有黏膜及血液。由于剧烈腹泻使驹体脱水，眼窝凹陷，口腔干燥，排尿减少而尿液浓稠。随着病情加重，驴驹极度虚弱，反应迟钝，四肢末端发凉。

【治疗】对于轻症的腹泻，主要是调整胃肠功能。重症应着重于抗菌消炎和补液解毒。前者可选用胃蛋白酶、乳酶生、酵母、稀盐酸、0.1%高锰酸钾和木炭末等内服。后者重症可选用磺胺脒或长效磺胺，每千克体重0.1~0.3克，黄连素每千克体重0.2克。必要时，可肌内注射庆大霉素。对重症驴驹还应适时补液解毒。预防上要搞好厩舍卫生，及时消毒。驴驹每天应有充足的运动。应喂给母驴以丰富的多汁饲料，限制喂过多的豆类饲料。防治患病驴驹要做到勤观察，早发现，早治疗。

二、常见寄生虫病的防治

● 1. 马胃蝇（蛆）病 ●

本病是马、骡、驴常见的慢性寄生虫病。病原是马胃蝇蛆（幼虫）。主要寄生在驴胃内，感染率比较高。马胃蝇生命周期为 1 年。整个周期要经过虫卵、蛆、蝇、成虫 4 个阶段。成虫在自然界中只能生活数天，雌蝇与雄蝇交尾后，雄蝇很快死亡。雌蝇将卵产于驴体表毛被上，当驴啃咬皮肤时，幼虫经口腔侵入胃内而继续发育。翌年春末夏初第三期幼虫完全成熟，随粪便排出体外，在地表化为蛹和成虫。马胃蝇以口钩固着于黏膜上，刺激局部发炎，形成溃疡。

【症状】 由于胃内寄生大量的马胃蝇刺激局部发炎形成溃疡，使驴食欲减退、消化不良、腹痛、消瘦。幼虫寄生在驴肠和肛门引起奇痒。

【治疗】 常用精制敌百虫，按每千克体重用 0.03 ~ 0.05 克，配成 5% ~ 10% 水溶液内服，对敌百虫敏感的驴可出现腹痛、腹泻等副作用。也可皮下注射 1% 硫酸阿托品注射液 3 ~ 5 毫升，或肌内注射解磷啶，每千克体重用 20 ~ 30 毫克抢救。

【预防】 将排出带有蝇蛆的粪便，烧毁或堆积发酵；其次，要对新入群的驴应先驱虫；此外，还要在 7 ~ 8 月份，马胃蝇活动季节，每隔 10 天用 2% 敌百虫溶液喷洒驴体 1 次。

● 2. 疥螨病（疥癣）●

本病是由疥螨引起的一种高度接触性、传染性的皮肤病。病原为最常见的疥螨（穿孔疥虫）和痒螨（吮吸疥虫）。它们寄生在皮肤内，虫体很小，肉眼看不见。

【症状】疥螨是寒冷地区冬季的常见病。病驴皮肤奇痒，出现脱皮、结痂现象。由于皮肤瘙痒，终日啃咬、摩墙擦柱、烦躁不安，影响驴的正常采食和休息，日渐消瘦。本病多发在冬、春两季。

【治疗】圈舍要保暖，用1%敌百虫溶液喷洒或洗刷患部。5日1次，连用3次。也可用硫黄粉和凡士林，按2:5配成软膏，涂擦患部。病驴舍内用1.5%敌百虫喷洒墙壁、地面，杀死虫体。

【预防】这是防止本病的关键。要经常性刷拭驴体，搞好卫生。发现病驴，立即隔离治疗，以免接触传染。

● 3. 蛲虫病 ●

该病原为尖尾线虫，寄生在驴的大结肠内。雌虫在病驴的肛门口产卵。虫体为灰白色和黄白色，尾尖细，呈绿豆芽状。

【症状】病驴肛门痒。不断摩擦肛门和尾部，尾毛蓬乱脱落，皮肤破溃感染。病驴经常不安，日渐消瘦和贫血。

【治疗】敌百虫的用法同治疗胃蝇蛆。驱虫同时应用消毒液洗刷肛门周围，清除卵块，防止再感染。

【预防】搞好驴体卫生，及时驱虫，对于用具和周围环境要进行经常性的消毒工作。

● 4. 蟠（盘）尾丝虫病 ●

该病原有颈盘尾丝虫和网状盘尾丝虫2种。寄生在马属动物，特别是驴的颈部、鬐甲、背部，以及四肢的腱和韧带等部位。虫体细长呈乳白色。雄虫长 25 ~ 30 厘米，雌虫长达 1 米，胎生。微丝幼虫长 0.22 ~ 0.26 毫米，无囊鞘。本虫以吸血昆虫（库蠓或按蚊）作为中间寄主。

【症状】本病多为慢性经过，患部出现无痛性、坚硬的肿胀，或用手指按压时，留有指印。在良性经过中，肿胀常能经 1~2 个月慢慢消散。如因外伤和内源性感染，患部软化，久而久之，破溃形成瘘管，从中流出脓液，多见于肩和鬐甲部。四肢患病时，则可发生腱炎和跛行。诊断此病可在患处取样，经培养后可在低倍显微镜下镜检微丝幼虫。

【治疗】在皮下注射海群生，每千克体重 80 毫克，每日 1 次，连用 2 天；还可静脉注射稀碘液（1% 鲁格氏液 25 ~ 30 毫升，生理盐水 150 毫升），每日 1 次，连续 4 天为 1 个疗程，间隔 5 天，进行第 2 个疗程。一般进行 3 个疗程。患部脓肿或瘘管除去病变组织，按外伤处理。

【预防】驴舍要求干燥，远离污水池，防止吸血昆虫叮咬。

三、常见传染病的防治

传染病是由病原细菌或病毒引起的疾病，可从病畜传染给其他健畜。病原进入驴体内不立即发病，经在驴体内繁殖产生毒素，伤害神经和其他器官而发病。从感染到发病，这段时间称之为潜伏期。

● 1. 破伤风 ●

破伤风又称强直症，俗称锁口风。是由破伤风梭菌经创伤感染后，产生的外毒素引起的人、畜共患的一种中毒性、急性传染病。其特征是驴对外界刺激兴奋性增高，全身或部分肌群呈现强直性痉挛。

破伤风梭菌的芽孢能长期存在于土壤和粪便中，当驴体受到创伤时，因泥土、粪便污染伤口，病原微生物就可能随之侵入，在其中繁殖并产生毒素，引发本病。潜伏期1~2周。驴体受到钉伤、鞍伤或去势消毒不严，以及新生驴驹断脐不消毒或消毒不严都极易传染此病；特别是小而深的伤口，而伤口又被泥土、粪便、痂皮封盖，造成无氧条件，则极适合破伤风芽孢的生长而发病。

【症状】由于运动神经中枢受病菌毒素的毒害，而引起全身肌肉持续的痉挛性的收缩。病初，肌肉强直常出现于头部，逐渐发展到其他部位。开始时两耳发直，鼻孔开张，颈部和四肢僵直，步态不稳，全身动作困难，高抬头或受惊时，瞬膜外露更加明显。随后咀嚼、吞咽困难，牙关紧闭，头颈伸直，四肢开张，关节不易弯曲。皮肤、背腰板硬，尾翘，姿势像木马一样。响声、强光、触摸等刺激都能使痉挛加重。呼吸快而浅，黏膜缺氧呈蓝红色，脉细而快，偶尔全身出汗，后期体温可上升到40℃以上。如病势轻缓，还可站立，稍能饮水吃料。病程延长到2周以上时，经过适当治疗，常能痊愈。如在发病后2~3天牙关紧闭，全身痉挛，心脏衰竭，又有其他并发症者，多易死亡。

【治疗】消除病原，中和毒素，镇静解痉，强心补液，加强护理，为治疗本病的原则。

（1）消除病原。清除创伤内的脓汁、异物及坏死组织，创伤深而创口小的需扩创，然后用3%过氧化氢溶液或2%高锰酸钾水洗涤，再涂5%~10%碘酊。肌内注射青霉素、链霉素各100万单位，每日2次，连续1周。

（2）中和毒素。尽早静脉注射破伤风抗毒素10万~15万单位，首次剂量宜大，每日1次，连用3~4次，血清可混在5%葡萄糖注射液中注入。

（3）镇静解痉。肌内注射氯丙嗪200~300毫克，也可用水合氢醛20~30克混于淀粉浆500~800毫升内灌肠，每日1~2次。如果病驴安静时，可停止使用。

（4）强心补液。每天适当静脉注射5%糖盐水，并加入复合维生素B和维生素C各10~15毫升。心脏衰弱时可注射维他康复10~20毫升。

（5）加强护理。要做好静、养、防、遛4个方面的工作。要使病驴在僻静较暗的单厩里，保持安静。加强饲养，不能采食的，常喂以豆浆、料水、稀粥等。能采食的，则投以豆饼等优质草料，任其采食。要防止病驴摔倒，造成碰伤、骨折，重病驴可吊起扶持。对停药观察的驴，要定时牵遛，经常刷拭、按摩四肢。

【预防】主要是抓好预防注射工作和防止外伤的发生。实践证明，坚持预防注射，完全能防止本病发生。每年定期注射破伤风类毒素，每头用量2毫升，注射3周后可产生免疫力。有外伤要及时治疗，同时可肌内注射破伤风抗毒素1万~3万单位，同时注射破伤风类毒素2毫升。

● 2. 驴腺疫 ●

中兽医称槽结、喉骨肿。是由马腺疫链球菌引起的马、

驴、骡的一种接触性的急性传染病。断奶至 3 岁的驴驹易发
此病。

【症状】其典型临床症状为体温升高，上呼吸道及咽黏膜
呈现表层黏膜的化脓性炎症，颌下淋巴结呈急性化脓性炎症，
鼻腔流出黏液。病驴康复后可终身免疫。病原为马腺疫链球
菌。病菌随脓肿破溃和病驴喷鼻、咳嗽排出体外，污染空气、
草料、饮水等，经上呼吸道黏膜、扁桃体或消化道感染健康
驴。该病潜伏期平均 4～8 天，有的 1～2 天。由于驴体抵抗
力强弱和细菌的毒力、数量不同，在临床上可出现 3 种病型。

（1）一过型。主要表现为鼻、咽黏膜发炎，有鼻液流出。
颌下淋巴结有轻度肿胀，体温轻度升高。如加强饲养，增强
体质，则驴常不治而愈。

（2）典型型。病初病驴精神沉郁，食欲减少，体温升高
到 39～41℃。结膜潮红黄染，呼吸、脉搏增速，心跳加快。
继而发生鼻黏膜炎症，并有大量脓性分泌物。咳嗽，咽部敏
感，下咽困难，有时食物和饮水从鼻腔逆流而出。颌下淋巴
脓肿破溃，流出大量脓汁，这时体温下降，炎性肿胀亦日渐
消退，病驴逐渐痊愈。病程为 2～3 周。

（3）恶性型。病驴由于抵抗力减弱，马腺疫链球菌可由
颌下淋巴蔓延或转移而发生并发症，致使病情急剧恶化，预
后不良。常见的并发症如体内各部位淋巴结的转移性脓肿，
内部各器官的转移性脓肿以及肺炎等。如不及时治疗，病驴
常因脓毒败血症而死亡。

【治疗】本病轻者无须治疗，通过加强饲养管理即可自
愈。重者可在脓肿化脓处擦 10% 樟脑醋、10%～20% 松节油

软膏、20%鱼石脂软膏等。患部破溃后可按外科常规处理。如体温升高，有全身症状，可用青霉素、磺胺治疗，必要时静脉注射。

加强护理。治疗期间要给予富于营养、适口性好的青绿多汁饲料和清洁的饮水。并注意夏季防暑，冬季保温。

【预防】对断奶驴驹应加强饲养管理，加强运动锻炼，注意优质草料的补充，增进抵抗力。发病季节要勤检查，发现病驹立即隔离治疗，其他驴驹可第1天给10克，第2、第3天给5克的磺胺拌入料中；也可以注射马腺疫灭活菌苗进行预防。

● 3. 流行性乙型脑炎 ●

它是由乙脑病毒引起的一种急性传染病。马属家畜（马、驴、骡）感染率虽高，但发病率低，一旦发病，死亡率较高。该病人、畜共患，其临床症状为中枢神经功能紊乱（沉郁或兴奋和意识障碍）。本病主要经蚊虫叮咬而传播。具有低洼地发病率高和在7~9月份气温高、日照长、多雨季节流行的特点。3岁以下驴驹发病多。

【症状】潜伏期1~2周。起初的病毒血症期间，病驴体温升高达39~41℃，精神沉郁，食欲减退，肠音多无异常。部分驴经1~2天体温恢复正常，食欲增加，经过治疗，1周左右可痊愈。部分驴由于病毒侵害脑脊髓，出现明显神经症状，表现沉郁、兴奋或麻痹。临床可分为4型。

（1）沉郁型。病驴沉郁，呆立不动，低头耷耳，对周围的事物没反应，眼半睁半闭，呈睡眠状态。有时空嚼磨牙，以下颌抵槽或以头顶墙。常出现异常姿势，如前肢交叉、做圆圈运动或四肢失去平衡、走路歪斜、摇晃。后期卧地不起，昏迷不动，感觉功能消失。以沉郁型为主的病驴较多，病程较长，可达 1~4 周。如早期治疗得当，注意护理，多数可治愈。

（2）兴奋型。病驴表现兴奋不安，重者暴躁、乱冲、乱撞、攀爬饲槽、不知避开障碍物低头前冲，甚至撞在墙上或坠入沟中。后期因衰弱无力，卧地不起，四肢前后划动如游泳状。以兴奋为主的病程较短，多经 1~2 天死亡。

（3）麻痹型。主要表现是后躯的不全麻痹症状。腰萎、视力减退或消失、尾不驱蝇、衔草不嚼、嘴唇歪斜、不能站立等。这些病驴病程较短，多经 2~3 天死亡。

（4）混合型。沉郁，兴奋交替出现，同时出现不同程度的麻痹。本病死亡率平均为 20%~50%，耐过此病的驴常有后遗症，如腰萎、口唇麻痹、视力减退、精神迟钝等症状。

【治疗】本病目前尚无特效疗法，主要是降低颅内压、调整大脑功能、解毒为主的综合治疗措施，加强护理，提早治疗。

（1）加强护理。专人看护，防止褥疮发生，加强营养，及时补饲或注射葡萄糖，维持营养。

（2）降低颅内压。对重病或兴奋不安的驴，可用采血针在颈静脉放血 800~1000 毫升，然后静脉注射 25% 山梨醇或 20% 甘露醇注射液，每次用量按每千克体重 1~2 克计算。时间间隔 8~12 小时，再注射 1 次，可连用 3 天。间隔期内可静脉注射高渗葡萄糖液 500~1000 毫升。在病的后期，血液黏稠时，还可注射 10% 氯化钠注射液 100~300 毫升。

（3）调整大脑功能。有兴奋表现的驴，可每次肌内注射氯丙嗪注射液 200 ~ 500 毫克，或 10% 溴化钠注射液 50 ~ 100 毫升，或安钠咖 – 溴化钠注射液 50 ~ 100 毫升。

（4）强心。心脏衰弱时，除注射 20% ~ 50% 葡萄糖注射液外，还可以注射樟脑水或樟脑磺酸钠注射液。

（5）利尿解毒。可用 40% 乌托品注射液 50 毫升 1 次静注，每日 1 次。膀胱积尿时要及时导尿。为防止并发症，可配合链霉素和青霉素，或用 10% 磺胺嘧啶钠注射液静脉注射。

【预防】对 4 ~ 12 月龄和新引入的外地驴可注射乙脑弱毒疫苗，每年 6 月份至翌年 1 月份，肌内注射 2 毫升。同时，要加强饲养管理，增强驴的体质。做好灭蚊工作。及时发现病驴，适时治疗，并实行隔离医治。无害化处理病死驴的尸体，严格消毒、深埋。

● **4. 驴传染性胸膜肺炎（驴胸疫）** ●

发病机制至今不清楚，可能是支原体或病毒感染引起。是马属动物的一种急性传染病。本病为直接或间接传染，多在 1 岁以上的驴驹和壮龄驴发生本病。多因驴舍潮湿、寒冷、通风不良、阳光不足和驴多拥挤而造成。全年发病，冬、春气候骤变较多发生。

【症状】本病潜伏期为 10 ~ 60 天，临床表现有 2 种。

（1）典型胸疫。本型较少见，呈现纤维素性肺炎或胸膜炎症状。病初突发高热 40℃以上，稽留不退，持续 6 ~ 9 天或更长，以后体温突降或渐降。如发生胸膜炎时，体温反复，病驴精神沉郁、食欲废退、呼吸脉搏增加。结膜潮红水肿，微黄染。皮温不整，全身战栗。四肢乏力，运步强拘。腹前、腹下及四肢下部出现不同程度的水肿。

病驴呼吸困难，次数增多，呈腹式呼吸。病初流水样鼻液，偶见痛咳，听诊肺泡音增强，有湿性啰音。中后期流红黄色或铁锈色鼻液，听诊肺泡音减弱、消失，到后期又可听见湿性啰音及捻发音。经2~3周恢复正常。炎症波及胸膜时，听诊有明显的胸膜摩擦音。病驴口腔干燥，口腔黏膜潮红带黄，有少量灰白色舌苔。肠音减弱，粪球干小，并附有黏液，后期肠音增强，出现腹泻、粪便恶臭，甚至并发肠炎。

（2）非典型胸疫。表现为一过型，本型较常见。病驴突然发热，体温达39~41℃。全身症状与典型胸疫初期同，但比较轻微。呼吸道、消化道往往只出现轻微炎症、咳嗽、流少量水样鼻液，肺泡音增强，有的出现啰音。若及时治疗，经2~3天后，很快恢复。有的仅表现短时体温升高，而无其他临床症状。非典型的恶性胸疫，多因发现太晚、治疗不当、护理不周所造成。

【治疗】及时使用新肿凡纳明（914），按每千克体重0.015克，用5%葡萄糖注射液稀释后静脉注射，间隔2~3日后，可行第二次注射。为防止继发感染，还可用青霉素、链霉素和磺胺类药物注射。此外，伴有胃肠、胸膜、肺部疾患的驴，可根据具体情况进行对症处理。

【预防】平时要加强饲养管理，严守卫生制度，冬、春季要补料，给予充足饮水，提高驴抗病力。厩舍要清洁卫生，通风良好。发现病驴立即隔离治疗。被污染的厩舍、用具，用2%~4%氢氧化钠溶液或3%来苏儿溶液消毒，粪便要进行发酵处理。

● 5. 鼻疽 ●

它是由鼻疽杆菌引起的马、驴、骡的一种传染病。临床表现为鼻黏膜、皮肤、肺脏、淋巴结和其他实质性器官形成特异的鼻疽结节、溃疡和瘢痕。人也易感此病。是国家规定的二类传染病。开放性及活动性鼻疽病畜，是传染的主要来源。鼻疽杆菌随病驴的鼻液及溃疡分泌物排出体外，污染各种饲养工具、草料、饮水而引起传染。主要经消化道和损伤的皮肤感染，无季节性。

驴、骡感染性最强，多为急性，迅速死亡。马多为慢性。因侵害的部位不同，可分为鼻腔鼻疽、皮肤鼻疽和肺鼻疽。前两种经常向外排菌，故又称开放性鼻疽，但一般该病常以肺鼻疽开始。

【症状】分急性、开放性和慢性鼻疽3种。

（1）急性鼻疽。体温升高呈弛张热，常发生干性无力的咳嗽，当肺部病变范围较大，或蔓延至胸膜时，呈现支气管肺炎症状，公驴睾丸肿胀。病的末期，常见胸前、腹下、乳房、四肢下部等处水肿。

（2）开放性鼻疽。由慢性转来。除急性鼻疽症状外，还出现鼻腔或皮肤的鼻疽结节，前者称鼻鼻疽，后者称皮肤鼻疽。鼻鼻疽的鼻黏膜先红肿，周围绕以小米至高粱米粒大的结节。结节破损后形成溃疡，同时排出含大量鼻疽杆菌的鼻液，溃疡愈合后形成星芒状瘢痕。患病侧颌下淋巴结肿大变硬，无痛感，也无发热。皮肤鼻疽以后肢多见，局部出现炎性肿胀，进而形成大小不一的硬固结节，结节破溃，形成溃疡，溃疡底呈黄白色，不易愈合。结节和附近淋巴肿大、硬

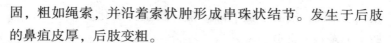

固，粗如绳索，并沿着索状肿形成串珠状结节。发生于后肢的鼻疽皮厚，后肢变粗。

（3）慢性鼻疽。病驴瘦弱，病程达数月、数年。多由急性或开放性转来，也有一开始就是慢性经过的。驴特少见。

【诊断】除临床症状外，主要采用鼻疽菌素点眼和皮内注射，必要时可做补体结合反应。

【治疗】目前尚无有效疫苗和彻底治愈的疗法。即使用土霉素疗法（土霉素 2 ～ 3 克，溶于 15 ～ 30 毫升 5% 氯化镁溶液中，充分溶解，分 3 处肌内注射，隔日 1 次），也仅可临床治愈，但仍是带菌者。

【预防】要做到每年春、秋两季的检疫，检出的阳性病驴要及时扑杀、深埋。

● 6. 流行性感冒（流感）●

驴的流行性感冒是由一种病毒引起的急性呼吸道传染病。主要表现为发热、咳嗽和流水样鼻液。驴的流感病毒分为 A1、A2 两个亚型，二者不能形成交叉免疫。

本病毒对外界条件抵抗力较弱，加热至 56℃，数分钟即可丧失感染力。用一般消毒药物，如甲醛、乙醚、来苏儿、去污剂等都可使病毒灭活，但病毒对低温抵抗力较强，在 -20℃ 以下可存活数日，故冬、春季多发。本病主要是经直接接触，或经过飞沫（咳嗽、喷嚏）经呼吸道传染。不分年龄、品种，但以生产母驴、劳役抗病力低和体质较差的驴易发病，且病情严重。临床表现有 3 种。

【症状】分为一过型、典型和非典型。

（1）一过型。较多见。主要表现轻咳，流清鼻液，体温正常或稍高，过后很快下降。精神及全身变化多不明显。病驴 7 天左右可自愈。

（2）典型。咳嗽剧烈，初为干咳，后为湿咳，有的病驴咳嗽时，伸颈摇头，粪尿随咳嗽而排出，咳后疲乏不堪。有的病驴在运动时，或受冷空气、尘土刺激后咳嗽显著加重。病驴初期为水样鼻液，后变为浓稠的灰白黏液，个别呈黄白色脓样鼻液。病驴精神沉郁，食欲减退，全身无力，体温高达 39.5~40℃，呼吸增加。心跳加快，每分钟达 60~90 次。个别病驴在四肢或腹部出现水肿，如能精心饲养，加强护理，充分休息，适当治疗，经 2~3 天，即可体温正常，咳嗽减轻，2 周左右即可恢复。

（3）非典型。非典型病症多因这均因病驴护理不好，治疗不当造成。如继发支气管炎、肺炎、肠炎及肺气肿等。病驴除表现流感症状外，还表现继发症的相应症状。如不及时治疗，则引起败血、中毒、心力衰竭而导致死亡。

【治疗】轻症一般不需药物治疗，即可自然耐过。重症应施以对症治疗，给予解热、止咳、通便的药物。降温可肌内注射安痛定 10~20 毫升，每日 1~2 次，连用 2 天。剧咳可用复方樟脑酊 15~20 毫升，或杏仁水 20~40 毫升，或远志酊 25~50 毫升。化痰可加氯化铵 8~15 克，也可用食醋熏蒸。

【预防】应做好日常的饲养管理工作，增强驴的体质，勿使过劳。注意疫情，及早做好隔离、检疫、消毒工作。出现疫情，舍饲驴可用食醋熏蒸进行预防，按每立方米 3 毫升醋汁，每日 1~2 次，直至疫情稳定。为配合治疗，一定要加强护理，给予充足的饮水和丰富的青绿饲料。让病驴充分休息。

● **7. 马传染性贫血** ●

马传染性贫血（EIA，简称马传贫），是由反转录病毒科慢病毒属马传贫病毒引起的马属动物传染病。我国将其列为二类动物疫病。

【流行特点】本病只感染马属动物，其中，马最易感，骡、驴次之，且无品种、性别、年龄的差异。病马和带毒马是主要的传染源。主要通过虻、蚊、刺蝇及蠓等吸血昆虫的叮咬而传染，也可通过病毒污染的器械等传播。多呈地方性流行或散发，以 7~9 月份发生较多。在流行初期多呈急性型经过，致死率较高，以后呈亚急性或慢性经过。

【临床特征】本病潜伏期长短不一，一般为 20~40 天，最长可达 90 天。根据临床特征，常分为急性、亚急性、慢性和隐性 4 种类型。

（1）急性型。高热稽留。发热初期，可视黏膜潮红，轻度黄染。随病程发展逐渐变为黄白至苍白，在舌底、口腔、阴道黏膜及眼结膜等处，常见鲜红色至暗红色出血点（斑）等。

（2）亚急性型。呈间歇热。一般发热 39℃ 以上，持续 3~5 天退热至常温，经 3~15 天间歇期又复发。有的患病马属动物出现温差倒转现象。

（3）慢性型。不规则发热，但发热时间短。病程可达数月或数年。

（4）隐性型。无可见临床症状，体内长期带毒。是目前主要类型。

【病理变化】

（1）剖检变化。

①急性型。主要表现败血性变化，可视黏膜、浆膜出现出血点（斑），尤其以舌下、齿龈、鼻腔、阴道黏膜、眼结膜、回肠、盲肠和大结肠的浆膜、黏膜以及心内外膜尤为明显。肝、脾肿大，肝切面呈现特征性槟榔状花纹。肾显著增大，实质浊肿，呈灰黄色，皮质有出血点。心肌脆弱，呈灰白色煮肉样，并有出血点。全身淋巴结肿大，切面多汁，并常有出血。

②亚急性和慢性型。主要表现贫血、黄染和细胞增生性反应。脾中（轻）度肿大，坚实，表面粗糙不平，呈淡红色；有的脾萎缩，切面小梁及滤泡明显。淋巴小结增生，切面有灰白色粟粒状突起。不同程度的肝肿大，呈土黄色或棕红色，质地较硬，切面呈豆蔻状花纹（豆蔻肝）。管状骨有明显的红髓增生灶。

（2）病理组织学变化。主要表现为肝脏、脾脏、淋巴结和骨髓等组织器官内的网状内皮细胞明显肿胀和增生。急性病例主要为组织细胞增生，亚急性及慢性病例则为淋巴细胞增生，在增生的组织细胞内，常有吞噬的铁血黄素。

【实验室诊断】马传贫琼脂扩散试验（AGID）、马传贫酶联免疫吸附试验（ELISA）。

【防治】无特效疗法。每年定期检疫净化。外购马属动物调入后，必须隔离观察30天以上，并经当地动物防疫监督机构血清学检查，确认健康无病，方可混群饲养。

● 8. 炭疽病 ●

炭疽病是由炭疽芽孢引起的一种人与动物共患的急性、

热性、败血性传染病。

易感染动物主要是牛、马、羊、驴等草食动物。人类主要通过接触患病的牲畜，采食感染本病牲畜的肉类，吸入含有该菌的尘埃，以及接触污染的皮毛等畜产品而感染患病。人感染炭疽杆菌的临床病型有皮肤炭疽、肠炭疽、肺炭疽及炭疽性脑膜炎等。皮肤型易诊断治疗，肺炭疽、炭疽脑膜炎及肠炭疽诊断困难，症状严重，死亡率高。

【流行特点】本病的主要传染源是病畜，当病畜处于菌血症时，可通过粪便、尿、唾液及天然孔出血等方式排菌，如尸体处理不当，会造成大量菌散播周围环境，污染土壤、水源或牧场，尤其形成芽孢后可能成为长久的疫源地。

感染途径主要通过采食污染的饲料、饮水经消化道感染，经呼吸道和吸血昆虫感染的可能性也存在。人的感染主要发生于与动物和畜产品接触较多的人员，本病常呈地方性流行，干旱、多雨、洪水涝积、吸血昆虫多都是促进炭疽病暴发的因素。例如，干旱季节，地面草短，放牧时易接近受污染的土壤；大雨洪水泛滥，易使沉积在土壤中的芽孢泛起，并随水流扩大污染范围，7~9月份是炭疽发病的高峰期。从外疫区输入病畜产品，如骨粉、皮革、羊毛等，也常引起本病的暴发。

【炭疽的致病性及危害】炭疽杆菌的荚膜与炭疽毒素是主要的致病物质。荚膜具有抗吞噬作用，有利于细菌在肌体组织内繁殖与扩散。炭疽毒素的毒性作用主要是直接损伤微血管的内皮细胞，使血管通透性增加，有效循环血量不足，微循环灌注量明显减少，血液呈高凝状态，易形成感染性休克和弥散性血管内凝血。

（1）对动物的致病性。主要引起草食动物感染发病，通常多发生于春、夏季节，主要是在被污染的牧场上采食含炭疽杆菌芽孢的饲料、饮水而发生，牛、羊最易感，马、猪次之。炭疽杆菌进入易感动物体内随淋巴进入血流繁殖，引起败血症。

（2）对人的致病性。

①皮肤炭疽。最常见。病菌从皮肤小伤口进入体内，经12~36 小时局部出现小疖肿，随后形成水疱、脓肿，最后中心形成炭色坏死焦痂。病人有高热、寒战，轻者 2~3 周自愈，重者败血症死亡。

②肺炭疽。吸入炭疽芽孢所致，多发生于毛皮加工人员。初期感冒症状，之后发展成严重的支气管肺炎及全身中毒症状，2~3 天死于中毒性休克。

③肠炭疽。因食入未煮透的病畜肉制品所致，如牛、羊肉串等。有连续性呕吐、便血和肠麻痹，2~3 天死于毒血症。肺炭疽和肠炭疽可发展为败血症，常引起急性出血性脑膜炎而死亡。

（3）禁止解剖检查。本病禁止剖检，一般采集末梢血液或脾脏，进行涂片、染色、镜检，或用炭沉试验等方法进行快速诊断。

第八章　家庭驴场的经营与管理

第一节　家庭养驴场的市场调查

　　市场调查是企业为进行生产经营决策而进行的信息收集工作，对家庭养驴场来讲，市场调查也十分重要。市场调查是了解市场动态的基础，通过调查取得大量可靠的历史的和现实的资料，在此基础上，对肉驴养殖市场及其产品的供求和价格变动等情况进行预测，为家庭养驴的经营决策提供科学依据。进行市场调查时必须有的放矢，要以科学的态度和实事求是的精神系统地进行调查。市场调查的内容大致包括以下几个方面。

一、市场需求

　　及时了解市场需求状况是搞好商品生产的前提条件，通过对省内外及本地和外地市场上驴及其加工产品的需求情况进行充分的调查，了解影响需求变化的因素，如人口变化、生活水平的提高、消费习惯的改变以及社会生产和消费的投向变化等。调查时，不仅要注意有支付能力的需求，还需要调查潜在的市场需求。

二、生产情况

生产情况调查主要是对驴生产现状的摸底调查，重点调查本地及邻近地区驴品种的种源情况、生产规模、饲养管理水平、商品肉驴的供应能力及其变化趋势等。

三、市场行情

市场行情调查就是要深入具体地调查驴及其加工品在市场上的供求情况、库存情况和市场竞争情况等。

第二节　家庭养驴场的养殖定位

养殖定位是在市场调查的基础上，对养殖场的建场方针、奋斗目标、经营方式以及为实现这一目标所采取的重大措施作出的选择与决定，具体包括经营方向、生产规模、饲养方式和驴场建设等方面的内容。

一、经营方向与生产规模的确定

经营方向就是驴场是从事专业化饲养，还是从事综合性饲养。专业化饲养是指只养某一品种的种驴或者育肥驴，外购"架子驴"，集中育肥；综合性饲养就是指既养种驴又养商品驴等，种驴可外销，商品肉驴自繁自养。在经营方向确定之后，还有一个饲养量的问题，这就是生产规模的问题。确定经营方向与生产规模的主要依据有：市场需求情况；投资者的投资能力、饲养条件、技术力量；驴的来源；饲料供应情况；交通运输及水、电和燃料供应保障情况。一般家庭养驴场可选择饲养育肥驴或少量饲养种驴，育肥驴自繁自养，有一定技术力量的养殖场可饲养种用驴，或从事综合性饲养。

二、饲养方式的选择

目前，商品肉驴的饲养方式主要有圈养舍饲和半舍饲放牧 2 种方式。圈养舍饲也叫圈养，就是把各个饲养阶段的驴分别饲养在人工建筑的有一定面积的圈舍里，所有的饲养管理由人工或半人工控制，具有集约化经营管理的特点。圈养驴要求饲料资源充足，饲喂搭配合理，否则影响驴的生长发育。圈养驴活动范围有限，在人的直接干预下生长和繁殖，便于选种选配、肥育和其他一些技术措施的实施，同时也有利于对疫病的预防和治疗。圈养驴要求有一定的人力和物力，有足够的饲养设备，所以饲养成本较高。

半舍饲放牧是圈养与放牧结合的一种养驴方式。驴群经过调教白天在放牧场上自由采食，晚上回圈舍，根据驴采食饲料的情况进行适当的补饲。放牧的好处很多，它可以利用天然饲料，增加运动量，有利于个体的生长发育；放牧能节省人力和降低饲养成本，但肉驴育肥期和繁殖期的驴不适于放牧。

第三节　家庭养驴场经济效益分析

一切生产经营活动的最终目的都是要盈利，也就是说要以最少的资源、资金取得最大的经济效益。驴场养殖的经济效益就是指在其生产中所获得的产品收入扣除生产经营成本以后所剩的利润。

商品肉驴养殖的主体收入来源于育肥驴的销售，其他还有产出的驴粪收入等。种驴养殖的主体收入来源于种驴所产的仔驴和育成驴等的销售，其他还有淘汰老驴的销售以及驴粪的收入。家庭养驴场的成本主要包括以下几个方面。

一、饲料费用

它指饲养过程中耗用的自产和外购的各种饲料（包括各种饲料添加剂等），运杂费也应列入其中。

二、饲养人员工资及福利费用

它指直接从事养驴生产人员的工资、奖金及福利费用等。

三、燃料和水电费用

它指直接用于养驴生产过程的燃料费、水电费等。

四、防疫医药费用

它指用于疾病防治的疫苗、化学药品等费用及检疫费、化验费和专家服务费等。

五、仔驴(或架子驴)费用

它指购买仔驴（或架子驴）的费用，包括包装费、运杂费等。

六、低值易耗品费用

它指价值低的工具、器材、劳保用品等易耗品的购置费用和维修费用等。

对于较大规模的家庭养殖场养殖成本除了上述几方面外，还有固定资产折旧费用（指驴舍和专用机械设备的基本折旧费、固定资产的大修理费用等）和管理费用（指从事驴场管理、产品销售活动中所消耗的一切直接或间接生产费用）。

总收入减去总支出即为驴场的经济效益。我国广大农村饲养肉用驴或种驴，因各地饲料、饲养管理技术条件、育肥驴的市场价格等不同，其经济效益也有所差别。

第四节　家庭养驴场投资经费概算

投资经费与饲养规模呈正比，并且还要考虑到饲料价格等因素。在充分进行市场调查分析后，家庭养驴场购入架子驴平均价格 3 000 ~ 4 000元，育肥期平均 4 个月，每头驴每天消耗饲料 6 元/天，其他消耗 4 元/天（包括人工、药品和水、电等），4 个月每头驴共计消耗 $4 \times 30 \times (6 + 4) = 1\,200$ 元/只，所以架子驴饲养成本约为 $4\,000 + 1\,200 = 5\,200$ 元/只，如果一个家庭养驴场每批饲养 20 头育肥架子驴，饲养经费约需

$20 \times 5\ 200 = 104\ 000$元。

　　每头成年驴饲养面积约 3 平方米/头，如果密闭驴舍饲养，驴舍造价 600 元/平方米，则 20 头驴驴舍的建筑费用为 $3 \times 600 \times 20 = 36\ 000$ 元。经营一个每批饲养架子驴 20 头的驴场共需经营费用约 $104\ 000 + 36\ 000 = 140\ 000$ 元，加上其他不可预见开支，约需 15 万元。

第五节　影响家庭养驴场经济效益的因素

　　肉驴养殖业与其他养殖业一样，具有影响因素多、养殖风险大和企业管理难等特点。家庭养驴场的主业是从事肉驴的生产与经营活动，自然也会面临风险大、难管理的问题。

一、选择优良品种，提高生产性能

　　品种的优劣直接关系到养驴的效益，不同品种之间生产性能差异很大，饲养成本大致相同，产生的效益却差别很大，因此在选择种驴时一定要注意品种质量。作为繁殖用的种驴一定要考虑其品质的优劣和适应性，在引进时不要图价格低廉而购买劣质种驴。在本场选留种驴时要选优汰劣，把本场最优秀的个体留作种用，扩大优良驴群，杂交驴本身生产性能较好，但不能留作种用。引种时应少量引进，逐步扩群，减少引种费用。

二、搞好饲养管理，充分发挥生产潜力

　　科学的饲养方法，是提高养驴效益的重要一环，在生产

上要采用科学饲养管理、合理搭配饲料、科学饲喂，达到提高繁殖率，提高肉驴日增重，以及预防疾病、减少发病和死亡率的效果。

三、提高饲料利用率，节约饲养成本

饲料是肉驴生长发育的养分来源，也是形成产品的原料。从驴产品成本分析，饲料费用一般占整个生产费用的 60% 以上，所以对生产成本和经济效益的高低起着重要作用。

育肥驴出售时间越迟，出栏体重越大，饲料转化率增大，饲料报酬降低，脂肪沉积增加。但出售日龄太小，肉驴达不到应有的体重，并影响肉质，也不经济。所以，在实际生产中要把握出栏时间，提高饲料利用率和驴肉品质。

四、饲养规模与市场相结合，提高养驴经济效益

养殖户应及时把握好市场行情，调整好养殖规模，不能无计划盲目生产。只有饲养规模和产品质量适应市场变化，家庭养驴场才会立于不败之地。

五、开展加工增值，搞产品综合开发利用

加工的利润远远大于原料产品的生产利润。驴场的产品，无论是驴皮、驴肉，在出场销售之前可以自己先进行初加工，如肉驴的屠宰加工等。有条件的驴场，还可创办与其产品相适应的食品、生物制剂等加工厂，则可成倍地提高产值，增

加利润。驴粪, 既是驴场的废弃物, 又是产品。它是优质肥料, 不仅可用于农作物增产, 还可配制"花肥", 销往园林、花卉市场。

第六节　成功实例

实例一　辽宁省阜新市一个高考落榜青年在一家养鸡场工作, 后因该鸡场鸡病的流行濒临破产, 便辞职回家, 他通过咨询和市场调研, 发现驴具有抗病力强、易饲养, 精料采食少、不与人争粮, 养殖投入少、风险小等优点, 养殖肉驴有较好的经济效益和发展前程, 决定饲养肉驴。在市场调查的基础上, 结合当地饲料资源和自身经济条件决定饲养架子驴, 饲养架子驴虽然前期购买架子驴投入较大, 但架子驴患病几率很低, 饲养周期短, 资金周转快, 如果育肥驴的价格波动不大, 养殖架子驴可以说没有养殖风险。该青年利用几年企业工作积累的资金, 建立了一个家庭肉驴养殖场, 第一批购买了 10 头架子驴试养, 由于购买架子驴和饲养没有经验, 购买的驴年龄和体重偏大, 增重效果不理想; 驱虫时死亡 1 头, 在育肥 3 个月时出栏没有赚到太多的钱, 但也没有亏损, 使该青年看到了养殖的希望。他在认真总结第一批饲养的基础上, 一方面认真学习肉驴养殖的理论知识, 另一方面向专家和有经验的养殖能手请教。从第二批开始, 养殖场严格按照肉驴生活习性和生长发育的规律, 制订了切实可行的饲养管理制度和饲料配方, 同时制订了驴群周转计划、饲料供应计划以及产品销售计划等, 通过第二批的饲养, 实现了盈利大翻身。目前, 该养殖场每批饲养规模扩大到 30 头,年饲养 3 ~ 4 批，出栏优质肉驴 90 ~ 120 头，年纯收入 8 万 ~ 13 万元，比他在鸡场打工多挣钱一倍多。

实例二　河北省张家口市旺地牧业有限公司是一家从事肉驴饲养与加工的专业公司，它起源于一个家庭养驴场，从饲养架子驴开始，饲养技术日渐娴熟，养殖效益每头驴净盈利稳定在 600 ~ 1200 元，但是随着饲养规模的稳定，他们发现要进一步提高驴肉的质量和养殖效益较难，通过分析发现主要原因有二，一是架子驴的年龄偏大，育肥后肉质的嫩度差，肌间脂肪少，而皮下和腹腔脂肪多。二是架子驴的饲料转化率偏低，因为架子驴大多是役用淘汰驴，并且遗传基础不明确。由此可见，要想提高肉驴的养殖效益和驴肉的质量，必须有自己的肉驴供应基地，培育专用的肉驴品种，拟定肉驴饲养标准，并科学饲养。

目前，我国还没有专门的肉驴品种或品系，张家口旺地牧业有限公司的成立目标就是利用当地优良驴品种资源——阳原驴，在对其进行保护和选优提纯的基础上，进一步培育适应当地自然条件和饲料类型的肉用阳原驴新品种或新品系，建立起自己的肉驴供应基地，并能带动当地肉驴养殖业发展。目前，旺地牧业有限公司已兴建驴舍 4800 平方米，集选阳原驴基础群，母驴 50 头，公驴 10 头。同时饲养育肥驴 300 头，年出栏肉驴 900 ~ 1200 头，该公司目前每年肉驴饲养一项年盈利已超过 90 万元。

主要参考文献

[1] 王占彬，董发明.肉用驴 [M].北京：科学技术文献出版社，2004.

[2] 张居农.实用养驴大全 [M].北京：中国农业出版社，2008.

[3] 侯文通，侯宝申.驴的养殖与肉用 [M].北京：金盾出版社，2002.

[4] 潘兆年.肉驴养殖实用技术 [M].北京：金盾出版社，2013.

[5] 侯文通.现代马学 [M].北京：中国农业出版社，2013.

[6] 田家亮.马驴骡饲养管理 [M].北京：金盾出版社，2008.

[7] 陈宗刚，李志和.肉用驴饲养与繁育技术 [M].北京：科学技术文献出版社，2008.

[8] 中国畜禽遗传资源动态信息网：http://www.dadchina.net/.

[9] 中国家养动物遗传资源信息网：http://219.238.162.167/.

[10] 家养动物种质资源平台：http://www.cdad-is.org.cn/.